ISBN-13: 978-1517554057

ISBN-10: 1517554055

ELECTRICIDAD DEL AUTOMÓVIL

Componentes, circuitos y mantenimiento

Miguel D'Addario

Primera edición

CE

2015

ÍNDICE

Electrotecnia: Los fenómenos eléctricos

Electricidad es el fenómeno que produce el movimiento de cargas eléctricas a través un conductor. Se puede concebir como el nivel de capacidad que tiene un cuerpo en un determinado instante para realizar un trabajo. Una ley fundamental enuncia que "la energía no se crea ni se destruye, únicamente se transforma".

Esto significa que, la suma de todas las energías sobre una determinada frontera siempre permanece constante. La energía es el alimento de toda actividad humana: mueve nuestros cuerpos e ilumina nuestras casas, desplaza nuestros vehículos, nos proporciona fuerza motriz y calor, etc. La energía eléctrica se ha convertido en parte de nuestra vida diaria. Sin ella, difícilmente podríamos imaginarnos los niveles de progreso que el mundo ha alcanzado, pero ¿Qué es la electricidad, cómo se produce y cómo llega a nuestros hogares?

Ya vimos que la energía puede ser conducida de un lugar o de un objeto a otro (conducción). Eso mismo ocurre con la electricidad. Es válido hablar de la "corriente eléctrica", pues a través de un elemento conductor, **la energía fluye y llega a nuestras lámparas, televisores, refrigeradores y demás equipos domésticos** que la consumen. También conviene tener presente que la energía eléctrica que utilizamos está sujeta a distintos procesos de **generación, transformación, transmisión y distribución**, ya que no es lo mismo generar electricidad mediante combustibles fósiles que con energía solar o nuclear. Tampoco es lo mismo transmitir la electricidad generada por pequeños sistemas eólicos y/o fotovoltaicos que la producida en las grandes hidroeléctricas, que debe ser llevada a cientos de kilómetros de distancia y a muy altos voltajes. Toda la materia está compuesta por átomos y éstos por partículas más pequeñas, una de las cuales es el **electrón**. Un modelo muy utilizado para ilustrar la conformación del átomo (ver figura) lo representa con los electrones girando en torno al núcleo del átomo, como lo hace la Luna alrededor de la Tierra.

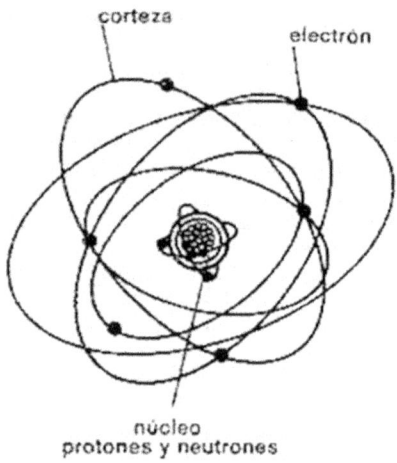

El núcleo del átomo está integrado por neutrones y protones. Los electrones tienen una carga negativa, los protones una carga positiva y los neutrones, como su nombre lo indica, son neutros: carecen de carga positiva o negativa. (Por cierto, el átomo, según los antiguos filósofos griegos, era la parte más pequeña en que se podía dividir o fraccionar la materia; ahora sabemos que existen partículas subatómicas y la ciencia ha descubierto que también hay partículas de "antimateria": positrón, antiprotón, etc., que al unirse a las primeras se aniquilan recíprocamente).

La electricidad se manifiesta de tres formas fundamentalmente

A) Electrostática: cuando un cuerpo posee carga positiva o negativa, **pero no se traslada a ningún sitio**. Por ejemplo frotar un bolígrafo de plástico con una tela para atraer trozos de papel.

B) Corriente continua (CC): Cuando los electrones **se mueven siempre en el mismo sentido**, del polo negativo al positivo. Las pilas, las baterías de teléfonos móviles y de los coches producen CC, y también la utilizan pero transformada de CA a CC, los televisores, ordenadores, aparatos electrónicos, etc.

C) Corriente alterna (CA): No es una corriente verdadera, porque **los electrones** no **circulan** en un sentido único, sino **alterno**, es decir cambiando de sentido unas 50 veces por segundo, por lo que más bien oscilan, y por eso se produce un cambio de polos en el enchufe. Este tipo de corriente es la utilizada en viviendas, industrias, etc., por ser más fácil de transportar.

Fenómenos magnéticos y electromagnéticos
Pues bien, algunos tipos de materiales están compuestos por átomos que pierden fácilmente sus electrones, y éstos pueden pasar de un átomo a otro. En términos sencillos, la electricidad no es otra cosa que electrones en movimiento. Así, cuando éstos se mueven entre los átomos de la materia, se crea una corriente de electricidad. Es lo que sucede en los cables que llevan la electricidad a su hogar: a través de ellos van pasando los electrones, y lo hacen casi a la velocidad de la luz. Este paso de

electrones genera un campo llamado magnetismo. Sin embargo, es conveniente saber que la electricidad fluye mejor en algunos materiales que en otros. Antes vimos que esto mismo sucede con el calor, pues en ambos casos hay buenos o malos conductores de la energía. Por ejemplo, la resistencia que un cable ofrece al paso de la corriente eléctrica depende y se mide por su grosor, longitud y el metal de que está hecho. A menor resistencia del cable, mejor será la conducción de la electricidad en el mismo. El oro, la plata, el cobre y el aluminio son excelentes conductores de electricidad. Los dos primeros resultarían demasiado caros para ser utilizados en los millones de kilómetros de líneas eléctricas que existen en el planeta; de ahí que el cobre sea uno de los más utilizados en el planeta. Cuando un objeto cargado se aproxima a otro, se ejercen fuerzas eléctricas sobre ambos objetos. Normalmente, esto implica que las cargas en ambos objetos se redistribuirán, adquiriendo una nueva configuración de equilibrio. La excepción a esto, naturalmente, es que las cargas estén imposibilitadas de redistribuirse, esto último debe hacerse por la acción de fuerzas no eléctricas. Dada una distribución de cargas, en cada punto del espacio existe un campo eléctrico. Definimos las líneas de campo eléctrico como aquellas líneas cuya tangente es paralela al campo eléctrico en cada punto.

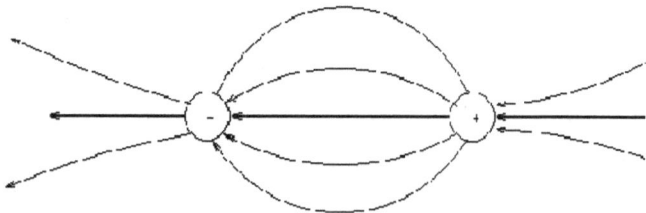

Líneas de campo eléctrico, entre dos cargas de signo opuesto

Campo magnético

Aplicaciones

Dependiendo de la energía que se quiera transformar en electricidad, será necesario aplicar una determinada acción. Se podrá disponer de electricidad por los siguientes procedimientos, convirtiendo la fuerza eléctrica en otro tipo de fuerza:

ENERGÍA	ACCIÓN
Mecánica	Frotamiento
Química	Reacción química
Luminosa	Por luz
Calorífica	Calor
Magnética	Por magnetismo
Mecánica	Por presión
Hidráulica	Por agua
Eólica	Por aire
Solar	Panel solar

Ejemplos de utilización de los tipos de corrientes: Hay elementos como las bombillas de casa, motor eléctrico de la lavadora, etc., que funcionan directamente con la corriente alterna (CA). Las bombillas de casa en realidad no iluminan constantemente sino que se encienden y apagan 50 (60 en EEUU) veces en un segundo debido a la alternancia de la polaridad, solo que nuestros ojos no lo perciben. En cambio las bombillas de una linterna iluminan constantemente al ser alimentada por unas pilas de corriente continua (CC), o como los aparatos electrónicos como la televisión, ordenadores, que aunque se conecten a CA, transforman esa corriente a CC, mediante un transformador o

19

fuente de alimentación para funcionar. Cuando se cargan los teléfonos móviles también se utiliza un <u>transformador (voltaje) +</u> <u>rectificador (polaridad)</u> para pasar la CA a CC.

Los efectos de la corriente eléctrica se pueden clasificar en: - Luminosos - Caloríficos - Magnéticos - Dinámicos - Químicos

Los **efectos luminosos y caloríficos** suelen aparecer relacionados entre sí. Por ejemplo: una lámpara desprende luz y también calor, y un calefactor eléctrico desprende calor y también luz. Al circular la corriente, los electrones que la componen chocan con los átomos del conductor y pierden energía, que se transforma y se pierde en forma de calor. De estos hechos podemos deducir que, si conseguimos que un conductor eléctrico (cable) se caliente mucho sin que se queme, ese filamento podría llegar a darnos luz; en esto se fundamenta la lámpara.

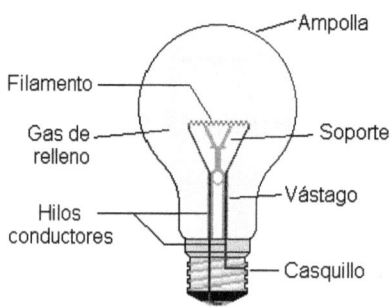

Partes de una bombilla

El **efecto magnético, con el cual se logra hacer un imán.** Enrollando un conductor a una barra metálica, y haciendo circular una corriente eléctrica, es decir, un electroimán. Otra actividad: acerca la aguja de una brújula, que es un imán a un cable eléctrico. **¿Se desvía? ¿Por qué?** Sí, se desvía. Porque la corriente eléctrica que atraviesa dicho cable genera a su alrededor un campo magnético, que atrae la aguja de la brújula.

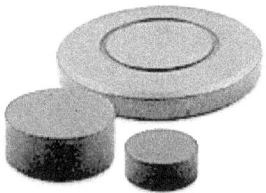

Imanes de cerámica (Aluminio, níquel, cobre)

El **efecto dinámico** consiste en la producción de movimiento, como ocurre con un motor eléctrico.

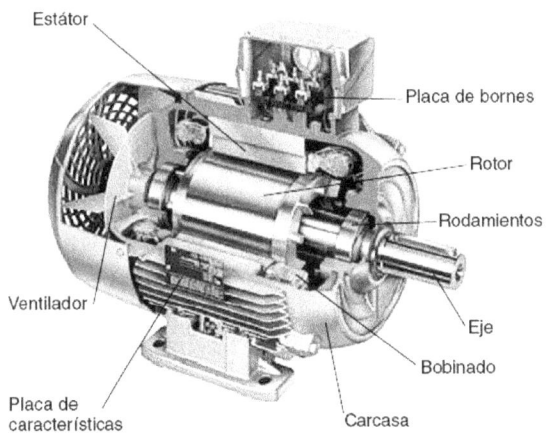

Motor eléctrico

El **efecto químico** es el que da lugar a la carga y descarga de las baterías eléctricas. También se emplea en los recubrimientos metálicos, cromados, dorados, etc., mediante la electrolisis. La electricidad es una energía, y lo único que hacemos es transformar una energía mecánica (pedalear en una bici / caída de agua de unas cataratas) mediante un dispositivo (dinamo / turbina-generador) en energía eléctrica, o transformar energía química (compuestos químicos de una pila que reaccionan transfiriendo electrones de un polo a otro) a energía eléctrica. También hay otros sistemas de generación de energía eléctrica como son: energía solar mediante paneles fotovoltaicos, energía eólica mediante aerogeneradores, etc. Lo que se pretende es "expulsar" a los electrones de las órbitas que están alrededor del núcleo de un átomo. Para expulsar esos electrones se requiere cierta energía, y se pueden emplear 6 clases de energía:

a) Frotamiento: Electricidad obtenida frotando dos materiales.

b) Presión: Electricidad obtenida producida aplicando presión a un cristal (Ej.: cuarzo).

c) Calor: Electricidad producida por calentamiento en materiales.

d) Luz: Electricidad producida por la luz que incide en materiales fotosensibles.

e) Magnetismo: Electricidad producida por el movimiento de un imán y un conductor.

f) Química: Electricidad producida por reacción química de ciertos materiales.

En la práctica solamente se utilizan dos de ellas: la química (pila) y el magnetismo (alternador). Las otras formas de producir electricidad se utilizan pero en casos específicos.

Métodos habituales de generar electricidad

Hay tres métodos habituales para generar electricidad:

A) Dinamo y alternador

B) Pilas y baterías

C) Central eléctrica (turbina-generador)

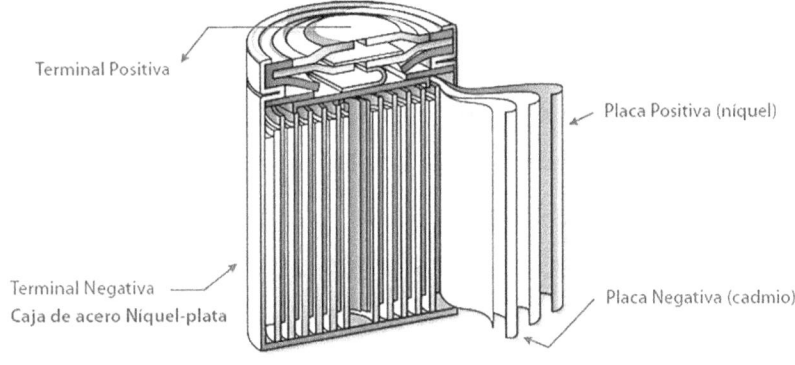

Pila seca Níquel - Cadmio

Leyes de Ohm y Joule generalizadas para corriente alterna

Ley De Ohm

La electricidad tiene tres componentes fundamentales que la integran:

Voltaje: Es la cantidad de electrones que se desplazan por un conductor.

Intensidad: Es la presión que ejercen los electrones cuando circulan por un conductor.

Resistencia: Es la oposición resistiva de un conductor o componente, que ejerce sobre la circulación de los electrones.

La ley de Ohm llamada así en honor al físico alemán Georg Simon Ohm, que la descubrió en 1827, permite relacionar la intensidad con la fuerza electromotriz y la resistencia. Debido a la existencia de materiales que dificultan más el paso de la corriente eléctrica que otros, cuando el valor de la resistencia varía, el valor de la intensidad de corriente en amperes también varía de forma inversamente proporcional. Es decir, si la resistencia aumenta, la corriente disminuye y, viceversa, si la resistencia disminuye la corriente aumenta, siempre y cuando, en ambos casos, el valor de la tensión o voltaje se mantenga constante. Por otro lado, de acuerdo con la propia Ley, el valor de la tensión es directamente proporcional a la intensidad de la corriente; por tanto, si el voltaje aumenta o disminuye el amperaje de la corriente que circula por el circuito aumentará o disminuirá en la misma proporción, siempre y cuando el valor de la resistencia conectada al circuito se mantenga constante. Donde:

V = Voltaje

    Se mide en Voltios; símbolo: (V)

I = Intensidad

    Se mide en Amperios, símbolo: (A)

R = Resistencia

    Se mide en Ohms, símbolo: (Ω) (omega)

    (Despejando obtenemos: **I** = V / R; y también **R** = V / I)

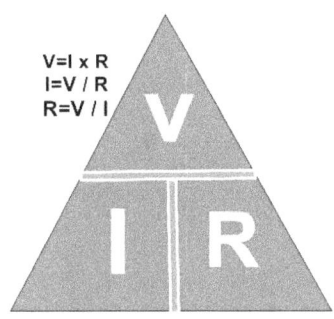

Por ello, el **Voltaje** en voltios de un circuito es el resultado de multiplicar la **intensidad** en amperios por su **resistencia** en Ohmios. (Sabiendo dos magnitudes de un circuito podemos calcular otra tercera).

Ejemplo: Si en un circuito tenemos 220 volts, y una intensidad de 50 amperios, aplicando la ley de ohm:

$$V = I \cdot R$$

220V

50A

R = (¿?)

Aplicando la ley distributiva, nos daría:

$$R = V / I$$

$$R = 220V / 50ª$$

R = 4,4 ohms

La fórmula podrá aplicarse en todas las circunstancias que queramos averiguar un componente de dicha fórmula.

Ejemplo de circuito eléctrico

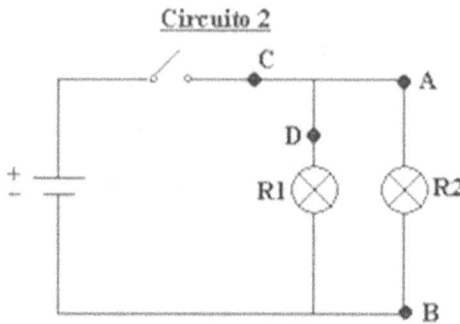

Donde (+) (-), es la fuente de alimentación (Voltaje). R1 y R2 la carga (resistencia), con sus respectivos símbolos. Los puntos A, B, C y D desde donde se podría medir la intensidad de la corriente (Amperaje).

Ley de Joule

Podemos describir el movimiento de los electrones en un conductor como una serie de movimientos acelerados, cada uno de los cuales termina con un choque contra alguna de las partículas fijas del conductor. Los electrones ganan energía cinética durante las trayectorias libres entre choques, y ceden a las partículas fijas, en cada choque, la misma cantidad de energía que habían ganado. La energía adquirida por las partículas fijas (que son fijas solo en el sentido de que su posición media no cambia) aumenta la amplitud de su vibración o sea, se convierte en calor. Para deducir la cantidad de calor desarrollada en un conductor por unidad de *tiempo*, hallaremos primero la expresión general de la *potencia* suministrada a una parte cualquiera de un circuito eléctrico. Cuando una corriente eléctrica atraviesa un conductor, éste experimenta un aumento de temperatura. Este efecto se denomina "efecto Joule". Es posible calcular la cantidad de calor que puede producir una corriente eléctrica en cierto tiempo, por medio de la **ley** de Joule.

La ley de Joule enuncia:

"El calor que desarrolla una corriente eléctrica al pasar por un conductor es directamente proporcional a la *resistencia*, al cuadrado de la intensidad de la corriente y el tiempo que dura la corriente".

Así pues podemos decir que su fórmula es:

C (calor) = 0,24 x R x I2 x t

C = Calor

0,24 = Constante de formula (1 julio = 0,24 calorías, llamado equivalente calorífico de trabajo)

R = resistencia

I2= Intensidad al cuadrado

t = Trabajo realizado (se mide en Kilovatios-Hora)

Estos valores fueron demostrados por el físico inglés Joule (1845) donde encontró por primera vez la equivalencia entre calor y trabajo. Su experiencia estaba proyectada para comprobar que cuando una cierta energía mecánica se consume en un sistema, la energía desaparecida es exactamente igual a la cantidad de calor producido. En su célebre experiencia, un agitador de paletas se ponía en movimiento en el seno del agua y el calor desarrollado en ésta era comparado con el trabajo mecánico realizado sobre el agitador.

Circuitos eléctricos de corriente alterna formados por impedancias conectadas en serie paralelo

Se introduce en este apartado lo que se entiende por circuito eléctrico y la terminología y conceptos básicos necesarios para su estudio. Un **circuito eléctrico** está compuesto normalmente por un conjunto de **elementos activos** que generan energía eléctrica (por ejemplo baterías, que convierten la energía de tipo químico en eléctrica)- y de **elementos pasivos** que consumen dicha energía (por ejemplo resistencias, que convierten la energía eléctrica en calor, por efecto Joule) conectados entre sí. Básicamente, existe una oposición en todo circuito al paso de una corriente (alterna). Se expresa como la relación entre la fuerza electromotriz alterna y la corriente alterna resultante y se mide en ohmios. Consiste de un elemento de resistencia en el cual la corriente y el voltaje están en fase y un elemento reactivo en el cual la corriente y el voltaje no están en fase. Esto se denomina impedancia. El esquema siguiente presenta un circuito compuesto por una batería (elemento de la izquierda) y varias resistencias.

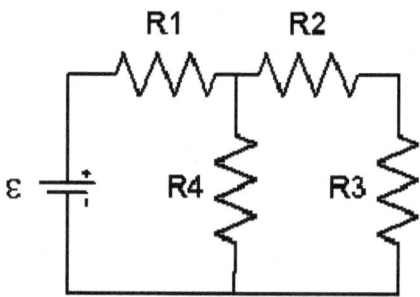

Las magnitudes que se utilizan para describir el comportamiento de un circuito son la **Intensidad de Corriente Eléctrica** y el **Voltaje** o caída de potencial. Estas magnitudes suelen representarse, respectivamente, por *I* y *V* y se miden en **Amperios (A)** y **Voltios (V)** en el Sistema Internacional de Unidades.

La intensidad de corriente eléctrica es la cantidad de carga que, por segundo, pasa a través de un conductor. El voltaje es una medida de la separación o gradiente de cargas que se establece en un elemento del circuito. También se denomina caída de potencial o diferencia de potencial (d.d.p.) y, en general, se puede definir entre dos puntos arbitrarios de un circuito.

El voltaje está relacionado con la cantidad de energía que se convierte de eléctrica en otro tipo (calor en una resistencia) cuando pasa la unidad de carga por el dispositivo que se considere; se denomina **fuerza electromotriz** (f.e.m.) cuando se refiere al efecto contrario, conversión de energía de otro tipo (por ejemplo químico en una batería) en energía eléctrica. La f.e.m. suele designarse por V y, lógicamente, se mide también en Voltios. Los elementos de un circuito se interconectan mediante conductores. Los conductores o cables metálicos se utilizan básicamente para conectar puntos que se desea estén al mismo potencial (es decir, idealmente la caída de potencial a lo largo de un cable o conductor metálico es cero). Previo a analizar un circuito conviene proceder a su simplificación cuando se encuentran asociaciones de elementos en serie o en paralelo.

Existen 2 tipos de asociar los elementos e un circuito, entonces serán 2 tipos básicos de circuitos eléctricos.

A. *Circuitos en Serie*

B. *Circuitos en Paralelo*

Circuitos en serie: Se dice que varios elementos están en serie cuando están todos en la misma rama y, por tanto, atravesados por la misma corriente. Si los elementos en serie son Resistencias, ya se ha visto que pueden sustituirse, independiente de su ubicación y número, por una sola resistencia suma de todas las componentes. En esencia lo que se está diciendo es que la dificultad total al paso de la corriente eléctrica es la suma de las dificultades que individualmente presentan los elementos componentes.

Circuito en serie de resistencias

Para conocer la resistencia resultante de este circuito es necesario aplicar la siguiente fórmula:

$$R_S = R_1 + R_2 + R_3$$

Dándole un valor a cada resistencia, por ejemplo R1= 10 ohms; R2= 8 ohms; R3= 15 ohms, su resultado será, aplicando la fórmula:

$$R_S = R_1 + R_2 + R_3$$

$$10 + 8 + 15 = Rs$$

Total: 33 ohms

Esta regla particularizada para el caso de Resistencias sirve también para asociaciones de f.e.m. (baterías), voltaje.

Circuitos en paralelo: Por otra parte, se dice que varios elementos están en **Paralelo** cuando la caída de potencial entre todos ellos es la misma. Esto ocurre cuando sus terminales están unidos entre sí como se indica en el esquema siguiente.

Circuito en paralelo de resistencias

Ahora la diferencia de potencial entre cualquiera de las resistencias es V, la existente entre los puntos A y B. La corriente por cada una de ellas es V/R_i (i=1, 2,3) y la corriente total que va de A a B (que habría de ser la que atraviesa Rp cuando se le aplica el mismo potencial) será $I_1 + I_2 + I_3$. Para que esto se cumpla el valor de la conductancia $1/Rp$ ha de ser la suma de las conductancias de las Resistencias componentes de la asociación:

$$1/R_p = 1/R_1 + 1/R_2 + 1/R_3$$

Lo cual significa que, al haber tres caminos alternativos para el paso de la corriente, la facilidad de paso (conductancia) ha aumentado: la facilidad total es la suma de las facilidades.

Las baterías No suelen asociarse en paralelo, debido a su pequeña resistencia interna. Si se asociaran tendrían que tener la misma f.e.m. que sería la que se presentaría al exterior. Pero cualquier diferencia daría lugar a que una de las baterías se descargara en la otra.

C. Circuito Mixto

Son circuitos compuestos de circuito en serie y circuito en paralelo. Este se denomina Serie-Paralelo. El cálculo se realiza separando cada circuito individualmente y luego se suman los resultados.

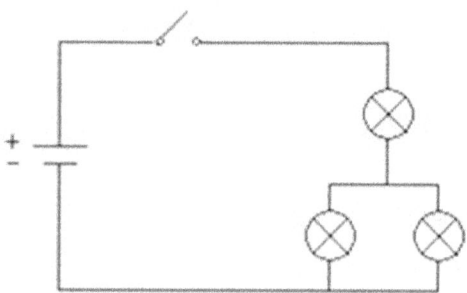

Mixto: (Características: Son las de los circuitos serie y paralelo juntos, según el montaje). Este tipo de montaje se suele dar sobre todo en electrónica ya que combina muchos elementos que dependen unos de otros, sucediendo que: si falla uno que está en serie, fallará todo el circuito.

Medidas en las instalaciones eléctricas
Medidas eléctricas en las instalaciones de baja tensión

Para el estudio de la corriente eléctrica partimos de la propia constitución de la materia, donde el átomo principal constituyente de la misma está compuesto de pequeñas partículas elementales que llevan cargas eléctricas. Estas partículas están formadas por:

- **Protones**: Partículas elementales de cargas positivas que se encuentran formando parte del átomo.
- **Neutrones**: Partículas que se encuentran en el núcleo y que carecen de carga eléctrica.
- **Electrones**: Partículas de carga negativa, que se encuentran en el exterior del núcleo, tienen carga negativa.

En cada átomo el número de protones es igual que el de electrones, y la fuerza de atracción y repulsión queda neutralizada y la carga como neutra. Si por algún procedimiento deshacemos el equilibrio entre el protón y el electrón, y este último se desplaza de su órbita, el átomo se carga eléctricamente. Por consiguiente se puede deducir que es el electrón la carga fundamenta de la corriente eléctrica, y al desplazamiento de este de un átomo a otro lo denominamos corriente eléctrica. El campo eléctrico que se forma cuando se reúnen varias cargas elementales tiene la capacidad de atraer o repeler a otras cargas dentro de su campo de acción. Los parámetros que debemos tener en cuenta dentro de una corriente eléctrica son los siguientes:

Diferencia de potencial: Trabajo necesario para atraer o repeler a las cargas que están dentro del campo de acción de un campo eléctrico. Se mide en voltios (V)

Intensidad: La cantidad de cargas eléctrica que pasan por un punto de un circuito eléctrico en una unidad de tiempo. Se mide en amperios (A)

Resistencia: es propia de la materia y no depende solo de la diferencia de potencial que se aplique entre los extremos, sino de una propiedad intrínseca del propio material denominada resistividad. Es la propiedad de los cuerpos a frenar el paso de corriente eléctrica, se mide en ohmios (Ω). La resistencia (objeto) es un elemento auxiliar de los circuitos eléctricos, construida de aleaciones especiales de muy alta resistividad y que, por tanto presentan una fuerte oposición al paso de la corriente.

Resistividad: constante material que depende en gran medida de la temperatura.

Los electrones libres que posee todo conductor, en presencia de un campo eléctrico, se desplazan hasta conseguir que el campo sea nulo; si por cualquier procedimiento se consigue que el campo eléctrico se mantenga constante (generadores) tendremos un flujo electrónico o corriente permanente, con lo cual los electrones libres del conductor se encontrarán sometidos a una fuerza en virtud de la cual se mueven, y a este movimiento se le denomina corriente eléctrica.

Potencia: El desplazamiento de una carga eléctrica Q entre dos puntos sometidos a una diferencia de potencial U supone la realización de un trabajo eléctrico (Energía) W= Q*U, como Q = I*t, entonces W = U*I*t. El trabajo desarrollado en la unidad de tiempo es la potencia P, entonces P = W/t = U*I. La energía eléctrica se puede producir, ejemplo un alternador, o bien consumir, ejemplo un motor.

Magnitudes eléctricas
Tensión, intensidad, resistencia y continuidad, potencia, resistencia eléctrica de las tomas de tierra

Magnitudes eléctricas

(Magnitud es cualquier propiedad de un cuerpo que se pueda medir).

Resistencia eléctrica

(Depende de: las propiedades eléctricas del material, la longitud, y la sección).

Es la dificultad que pone cualquier *conductor* para que pase a través de él, la *corriente eléctrica*. Unos cuerpos le ponen las cosas muy difíciles a la corriente eléctrica y se dice que ofrecen mucha resistencia, otros se lo ponen muy fácil y se dice que ofrecen o tienen poca resistencia. Todos los *conductores eléctricos* ofrecen resistencia, unos más y otros menos: *lámpara, motor*, cable, etc. Se mide en ohms.

Continuidad eléctrica

La continuidad eléctrica de un sistema es la aptitud de éste a conducir la corriente eléctrica. Cada sistema es caracterizado por su resistencia R.

Si R = 0 Ω: el sistema es un conductor perfecto.

Si R es infinito: el sistema es un aislante perfecto.

Cuanto menor es la resistencia de un sistema, mejor es su continuidad eléctrica.

Los *circuitos*, sobre todo si son de aluminio o cobre, no conviene unir los *polos* de un *generador* directamente con un cable, sin *lámparas* ni *motores* u sin otra resistencia entre ellos, ya que como habría muy poca resistencia, aumentaría la *intensidad de corriente*, calentándose el circuito y provocando la fusión del *fusible* o, en un caso peor, el incendio del mismo. Se produciría lo que se llama un *cortocircuito*.

Fórmula que calcula las secciones de cables

$$R = \rho \, L/S$$

R = resistencia;

ρ = resistividad característica del material;

L = longitud;

S = sección)

Voltaje

Fuerza electromotriz medida en *voltios (V)*. Es la *fuerza* que hace que los *generadores eléctricos* puedan producir *corriente eléctrica* en un *circuito eléctrico cerrado*, y mantener una diferencia de potencial entre sus *polos (positivo* y *negativo)* cuando el *circuito está abierto.*

Comparado con el circuito hidráulico, sería la diferencia de nivel en altura, contra más altura más fuerza tiene el agua en su caída. En un circuito eléctrico contra más voltaje o diferencia de potencial (atracción de las cargas) más fuerza puede desarrollarse.

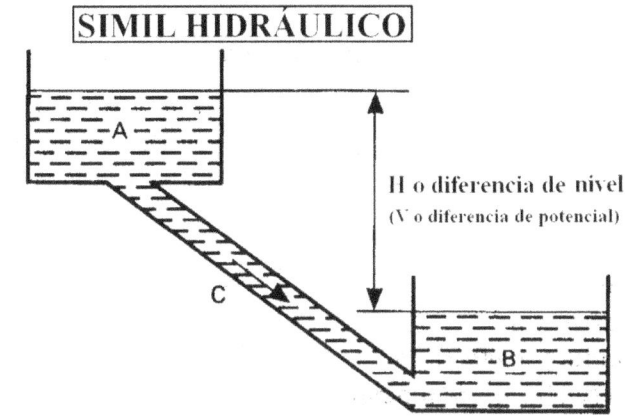

SIMIL HIDRÁULICO

H o diferencia de nivel
(V o diferencia de potencial)

Intensidad eléctrica (I)

Es la cantidad de carga eléctrica que pasa por un punto del *circuito* en un segundo. (Cantidad de *electricidad* que circula por un circuito). Se mide en *Amperes* con el *Amperímetro* y 1 amperio corresponde al paso de unos 6250 · 10^{15} electrones, es decir 6.250.000.000.000.000.000 electrones, por segundo por una sección determinada del circuito.

Potencia eléctrica

La potencia eléctrica es el producto de la tensión y la intensidad del circuito. La potencia eléctrica se mide en watts (w).

$$P = V \times I$$

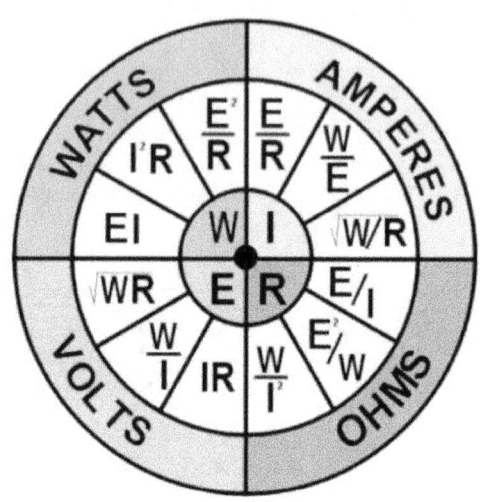

Rueda de fórmulas de Resistencia, Voltaje, Intensidad y Potencia

Resistencia eléctrica en las tomas a tierra

La denominación "puesta a tierra" comprende toda la ligazón metálica directa sin fusible ni protección alguna, de sección suficiente entre determina dos elementos o partes de una instalación y un electrodo o grupo de electrodos, enterrados en el suelo, con objeto de conseguir que en el conjunto de instalaciones, edificios y superficie próxima del terreno no existan diferencias de potencial peligrosas y que, al mismo tiempo permita el paso a tierra de las corrientes de falta o la de descarga de origen atmosférico.

Instrumentos de medidas y características

Instrumentos eléctricos de medición

La importancia de los instrumentos eléctricos de medición es incalculable, ya que mediante el uso de ellos se miden e indican magnitudes eléctricas, como corriente, carga, potencial y energía, o las características eléctricas de los *circuitos*, como la *resistencia*, la capacidad, la capacitancia y la inductancia. Además que permiten localizar las causas de una operación defectuosa en aparatos eléctricos en los cuales, no es posible apreciar su funcionamiento en una forma visual, como en el caso de un aparato mecánico. La *información* que suministran los instrumentos de medición eléctrica se da normalmente en una unidad eléctrica estándar: ohmios, voltios, amperios, culombios, henrios, faradios, vatios o julios. **Unidades eléctricas**, unidades empleadas para medir cuantitativamente toda clase de fenómenos electrostáticos y electromagnéticos, así como las *caracter*ísticas electromagnéticas de los componentes de un circuito eléctrico. Las unidades eléctricas empleadas en técnica y *ciencia* se definen en el *Sistema* Internacional de unidades. Sin embargo, se siguen utilizando algunas unidades más antiguas.

Unidades SI

La unidad de intensidad de corriente en el *Sistema* Internacional de unidades es el amperio. La unidad de carga eléctrica es el culombio, que es la cantidad de *electricidad* que pasa en un segundo por cualquier punto de un circuito por el que fluye una corriente de 1 amperio. El voltio es la unidad SI de diferencia de potencial y se define como la diferencia de potencial que existe entre dos puntos cuando es necesario realizar un trabajo de 1 julio para mover una carga de 1 culombio de un punto a otro. La unidad de **potencia** eléctrica es el vatio, y representa la generación o **consumo** de 1 julio de **energía eléctrica** por segundo. Un kilovatio es igual a 1.000 vatios. Las unidades también tienen las siguientes definiciones prácticas, empleadas para calibrar instrumentos: el amperio es la cantidad de **electricidad** que deposita 0,001118 gramos de plata por segundo en uno de los electrodos si se hace pasar a través de una solución de nitrato de plata; el voltio es la **fuerza** electromotriz necesaria para producir una corriente de 1 amperio a través de una **resistencia** de 1 ohmio, que a su vez se define como la **resistencia** eléctrica de una columna de mercurio de 106,3 cm de altura y 1 mm2 de sección transversal a una **temperatura** de 0 °C. El voltio también se define a partir de una pila voltaica patrón, la denominada pila de Weston, con polos de amalgama de cadmio y sulfato de mercurio (I) y un electrólito de sulfato de cadmio. El voltio se define como 0,98203 veces el potencial de esta pila patrón a 20 °C. En todas las unidades eléctricas prácticas se emplean los prefijos convencionales del **sistema** métrico para indicar fracciones y múltiplos de las unidades básicas. Por ejemplo, un microamperio es una millonésima de amperio, un milivoltio es una milésima de voltio y 1 megaohmio es un millón de ohmios.

Resistencia, capacidad e inductancia

Todos los componentes de un circuito eléctrico exhiben en mayor o menor medida una cierta *resistencia*, capacidad e inductancia. La unidad de *resistencia* comúnmente usada es el ohmio, que es la resistencia de un conductor en el que una diferencia de potencial de 1 voltio produce una corriente de 1 amperio. La capacidad de un condensador se mide en faradios: un condensador de 1 faradio tiene una diferencia de potencial entre sus placas de 1 voltio cuando éstas presentan una carga de 1 culombio. La unidad de inductancia es el henrio. Una bobina tiene una autoinductancia de 1 henrio cuando un *cambio* de 1 amperio/segundo en la corriente eléctrica que fluye a través de ella provoca una *fuerza* electromotriz opuesta de 1 voltio. Un transformador, o dos *circuitos* cualesquiera magnéticamente acoplados, tienen una inductancia mutua de 1 henrio cuando un *cambio* de 1 amperio por segundo en la corriente del circuito primario induce una tensión de 1 voltio en el circuito secundario. Dado que todas las formas de la *materia* presentan una o más *caracter*ísticas eléctricas es posible tomar mediciones eléctricas de un número ilimitado de *fuentes*.

Mecanismos básicos de los medidores

Por su propia *naturaleza*, *los valores* eléctricos no pueden medirse por *observación* directa. Por ello se utiliza alguna *propiedad* de la *electricidad* para producir una *fuerza física* susceptible de ser detectada y medida. Por ejemplo, en el galvanómetro, el instrumento de medida inventado hace más *tiempo*, la *fuerza* que se produce entre un campo magnético y una bobina inclinada por la que pasa una corriente produce una desviación de la bobina. Dado que la desviación es proporcional a la intensidad de la corriente se utiliza una *escala* calibrada para medir la corriente eléctrica. La acción electromagnética entre corrientes, la *fuerza* entre cargas eléctricas y el calentamiento causado por una resistencia conductora son algunos de los *métodos* utilizados para obtener mediciones eléctricas analógicas.

Calibración de los medidores

Para garantizar la uniformidad y la precisión de las medidas los medidores eléctricos se calibran conforme a los patrones de medida aceptados para una determinada unidad eléctrica, como el ohmio, el amperio, el voltio o el vatio.

Patrones principales y medidas absolutas

Los patrones principales del ohmio y el amperio de basan en definiciones de estas unidades aceptadas en el ámbito internacional y basadas en la masa, el tamaño del conductor y el *tiempo*. Las técnicas de medición que utilizan estas unidades básicas son precisas y reproducibles. Por ejemplo, las medidas absolutas de amperios implican la utilización de una especie de balanza que mide la fuerza que se produce entre un conjunto de bobinas fijas y una bobina móvil. Estas mediciones absolutas de intensidad de corriente y diferencia de potencial tienen su aplicación principal en el *laboratorio*, mientras que en la mayoría de los casos se utilizan medidas relativas. Todos los medidores que se describen en los párrafos siguientes permiten hacer lecturas relativas.

Medidores de corriente
Galvanómetros. Amperímetros. Amperes (A)

Los galvanómetros son los instrumentos principales en la detección y medición de la corriente. Se basan en las interacciones entre una corriente eléctrica y un imán. El mecanismo del galvanómetro está diseñado de forma que un imán permanente o un electroimán produce un campo magnético, lo que genera una fuerza cuando hay un flujo de corriente en una bobina cercana al imán. El elemento móvil puede ser el imán o la bobina. La fuerza inclina el elemento móvil en un grado proporcional a la intensidad de la corriente. Este elemento móvil puede contar con un puntero o algún otro dispositivo que permita leer en un dial el grado de inclinación. El galvanómetro de inclinación de D'Arsonval utiliza un pequeño espejo unido a una bobina móvil y que refleja un haz de *luz* hacia un dial situado a una distancia aproximada de un metro. Este *sistema* tiene menos inercia y fricción que el puntero, lo que permite mayor precisión.

Este instrumento debe su nombre al biólogo y físico francés Jacques D'Arsonval, que también hizo algunos *experimentos* con el equivalente mecánico del *calor* y con la corriente oscilante de alta frecuencia y alto amperaje (corriente D'Arsonval) utilizada en el tratamiento de algunas *enfermedades*, como la artritis. Este tratamiento, llamado diatermia, consiste en calentar una parte del cuerpo haciendo pasar una corriente de alta frecuencia entre dos electrodos colocados sobre la *piel*. Cuando se añade al galvanómetro una *escala* graduada y una calibración adecuada, se obtiene un amperímetro, instrumento que lee la corriente eléctrica en amperios. D'Arsonval es el responsable de la invención del amperímetro de corriente continua. Sólo puede pasar una cantidad pequeña de corriente por el fino hilo de la bobina de un galvanómetro. Si hay que medir corrientes mayores, se acopla una derivación de baja resistencia a los terminales del medidor. La mayoría de la corriente pasa por la resistencia de la derivación, pero la pequeña cantidad que fluye por el medidor sigue siendo proporcional a la corriente total. Al utilizar esta proporcionalidad el galvanómetro se emplea para medir corrientes de varios cientos de amperios. Los galvanómetros tienen denominaciones distintas según la magnitud de la corriente que pueden medir.

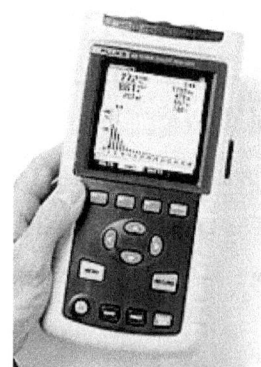

Amperímetro digital

Microamperímetros. Amperes (A)

Un microamperímetro está calibrado en millonésimas de amperio y un miliamperímetro en milésimas de amperio. Los galvanómetros convencionales no pueden utilizarse para medir corrientes alternas, porque las oscilaciones de la corriente producirían una inclinación en las dos direcciones.

Pinza amperimétrica

La **pinza amperimétrica** es un tipo especial de ***amperímetro*** que permite obviar el inconveniente de tener que abrir el circuito en el que se quiere medir la corriente para colocar un amperímetro clásico. El funcionamiento de la pinza se basa en la medida indirecta de la corriente circulante por un conductor a partir del ***campo magnético*** o de los campos que dicha circulación de corriente que genera. Recibe el nombre de pinza porque consta de un sensor, en forma de pinza, que se abre y abraza el cable cuya corriente queremos medir. Este método evita abrir el circuito para efectuar la medida, así como las caídas de tensión que podría producir un instrumento clásico. Por otra parte, es sumamente seguro para el operario que realiza la medición, por cuanto no es necesario un contacto eléctrico con el circuito bajo medida ya que, en el caso de cables aislados, ni siquiera es necesario levantar el ***aislante***.

Modelos de pinzas amperimétricas digitales

Electrodinamómetros

Sin embargo, una variante del galvanómetro, llamado electrodinamómetro, puede utilizarse para medir corrientes alternas mediante una inclinación electromagnética. Este medidor contiene una bobina fija situada en serie con una bobina móvil, que se utiliza en lugar del imán permanente del galvanómetro. Dado que la corriente de la bobina fija y la móvil se invierte en el mismo momento, la inclinación de la bobina móvil tiene lugar siempre en el mismo sentido, produciéndose una medición constante de la corriente. Los medidores de este tipo sirven también para medir corrientes continuas.

Medidores de aleta de hierro

Otro tipo de medidor electromagnético es el medidor de aleta de *hierro* o de *hierro* dulce. Este dispositivo utiliza dos aletas de *hierro* dulce, una fija y otra móvil, colocadas entre los polos de una bobina cilíndrica y larga por la que pasa la corriente que se quiere medir. La corriente induce una fuerza magnética en las dos aletas, provocando la misma inclinación, con *independencia* de la *dirección* de la corriente. La cantidad de corriente se determina midiendo el grado de inclinación de la aleta móvil.

Medidores de termopar

Para medir corrientes alternas de alta frecuencia se utilizan medidores que dependen del efecto *calor*ífico de la corriente. En los medidores de termopar se hace pasar la corriente por un hilo fino que calienta la unión de termopar. La *electricidad* generada por el termopar se mide con un galvanómetro convencional. En los medidores de hilo incandescente la corriente pasa por un hilo fino que se calienta y se estira. El hilo está unido mecánicamente a un puntero móvil que se desplaza por una *escala* calibrada con *valores* de corriente.

Medición del voltaje. Volts (V)

El instrumento más utilizado para medir la diferencia de potencial (el voltaje) es un voltímetro que cuenta con una gran resistencia unida a la bobina. Cuando se conecta un medidor de este tipo a una batería o a dos puntos de un circuito eléctrico con diferentes potenciales pasa una cantidad reducida de corriente (limitada por la resistencia en serie) a través del medidor. La corriente es proporcional al voltaje, que puede medir si el voltímetro se calibra para ello. Cuando se usa el tipo adecuado de *resistencias* en serie un voltímetro sirve para medir niveles muy distintos de voltajes. El instrumento más preciso para medir el voltaje, la resistencia o la corriente continua es el potenciómetro, que indica una fuerza electromotriz no valorada al compararla con un *valor* conocido. Para medir voltajes de *corriente alterna* se utilizan medidores de alterna con alta resistencia interior, o medidores similares con una fuerte resistencia en serie. Los demás *métodos* de medición del voltaje utilizan tubos de vacío y *circuitos* electrónicos y resultan muy útiles para hacer mediciones a altas frecuencias. Un dispositivo de este tipo es el voltímetro de tubo de vacío. En la forma más simple de este tipo de voltímetro se rectifica una *corriente alterna* en un tubo de diodo y se mide la corriente rectificada con un galvanómetro convencional. Otros voltímetros de este tipo utilizan las *caracter*ísticas amplificadoras de los tubos de vacío para medir voltajes muy bajos. El *osciloscopio* de rayos catódicos se usa también para hacer mediciones de voltaje, ya que la inclinación del haz de electrones es proporcional al voltaje aplicado a las placas o electrodos del tubo.

Voltímetro digital

Otros tipos de mediciones

Puente de Wheatstone

Las mediciones más precisas de la resistencia se obtienen con un circuito llamado puente de Wheatstone, en honor del físico británico Charles Wheatstone. Este circuito consiste en tres *resistencias* conocidas y una resistencia desconocida, conectadas entre sí en forma de diamante. Se aplica una corriente continua a través de dos puntos opuestos del diamante y se conecta un galvanómetro a los otros dos puntos. Cuando todas las *resistencias* se nivelan, las corrientes que fluyen por los dos brazos del circuito se igualan, lo que elimina el flujo de corriente por el galvanómetro. Variando el *valor* de una de las *resistencias* conocidas, el puente puede ajustarse a cualquier *valor* de la resistencia desconocida, que se calcula a partir *los valores* de las otras *resistencias*. Se utilizan puentes de este tipo para medir la inductancia y la capacitancia de los componentes de *circuitos*. Para ello se sustituyen las resistencias por inductancias y capacitancias conocidas. Los puentes de este tipo suelen denominarse puentes de *corriente alterna*, porque se utilizan *fuentes* de *corriente alterna* en lugar de corriente continua. A menudo los puentes se nivelan con un timbre en lugar de un galvanómetro, que cuando el puente no está nivelado, emite un *sonido* que corresponde a la frecuencia de la fuente de *corriente alterna*; cuando se ha nivelado no se escucha ningún tono.

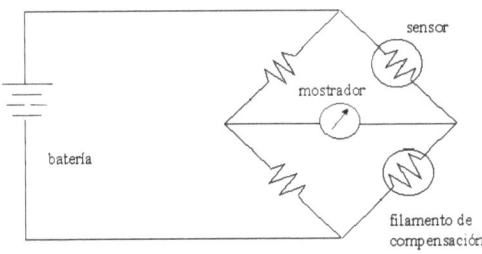

Puente de Wheatstone

Vatímetros (Watts). Potencia

La *potencia* consumida por cualquiera de las partes de un circuito se mide con un vatímetro, un instrumento parecido al electrodinamómetro. El vatímetro tiene su bobina fija dispuesta de forma que toda la corriente del circuito la atraviese, mientras que la bobina móvil se conecta en serie con una resistencia grande y sólo deja pasar una parte proporcional del voltaje de la fuente. La inclinación resultante de la bobina móvil depende tanto de la corriente como del voltaje y puede calibrarse directamente en vatios, ya que la *potencia* es el *producto* del voltaje y la corriente.

49

Watímetro

Contadores de servicio

El medidor de vatios por hora, también llamado contador de *servicio*, es un dispositivo que mide la energía total consumida en un circuito eléctrico doméstico. Es parecido al vatímetro, pero se diferencia de éste en que la bobina móvil se reemplaza por un rotor. El rotor, controlado por un regulador magnético, gira a una *velocidad* proporcional a la cantidad de *potencia* consumida. El eje del rotor está conectado con engranajes a un conjunto de *indicadores* que registran el *consumo* total.

Sensibilidad de los instrumentos

La sensibilidad de un instrumento se determina por la intensidad de corriente necesaria para producir una desviación completa de la aguja indicadora a través de la *escala*. El grado de sensibilidad se expresa de dos maneras, según se trate de un amperímetro o de un voltímetro. En el primer caso, la sensibilidad del instrumento se indica por el número de amperios, miliamperios o microamperios que deben fluir por la bobina para producir una desviación completa. Así, un instrumento que tiene una sensibilidad de 1 miliamperio, requiere un miliamperio para producir dicha desviación, etcétera. En el caso de un voltímetro, la sensibilidad se expresa de acuerdo con el número de ohmios por voltio, es decir, la resistencia del instrumento. Para que un voltímetro sea preciso, debe tomar una corriente insignificante del circuito y esto se obtiene mediante alta resistencia. El número de ohmios por voltio de un voltímetro se obtiene dividiendo la resistencia total del instrumento entre el voltaje máximo que puede medirse. Por ejemplo, un instrumento con una resistencia interna de 300000 ohmios y una *escala* para un máximo de 300 voltios, tendrá una sensibilidad de 1000 ohmios por voltio. Para trabajo general, los voltímetros deben tener cuando menos 1000 ohmios por voltio.

Óhmetro. (Ohms) (Ω) Resistencias

Un **óhmetro** es un instrumento para medir la *resistencia eléctrica*. El diseño de un óhmetro se compone de una pequeña *batería* para aplicar un *voltaje* a la resistencia bajo medida, para luego mediante un *galvanómetro* medir la *corriente* que circula a través de la resistencia. Existen también otros tipos de óhmetros más exactos y sofisticados, en los que la batería ha sido sustituida por un circuito que genera una corriente de intensidad constante I, la cual se hace circular a través de la resistencia **R** bajo prueba. Luego, mediante otro circuito se mide el voltaje **V** en los extremos de la resistencia. Para medidas de alta precisión la disposición indicada anteriormente no es apropiada, por cuanto que la lectura del medidor es la suma de la resistencia de los cables de medida y la de la resistencia bajo prueba. Para evitar este inconveniente, un óhmetro de precisión tiene cuatro terminales, denominados contactos Kelvín. Dos terminales llevan la corriente constante desde el medidor a la resistencia, mientras que los otros dos permiten la medida del voltaje directamente entre terminales de la misma, con lo que la caída de tensión en los conductores que aplican dicha corriente constante a la resistencia bajo prueba no afecta a la exactitud de la medida.

Resistencias. Mediciones por colores

Las resistencias o resistores son dispositivos que se usan en los *circuitos eléctricos* para limitar el paso de la corriente, las resistencias de uso en *electrónica* son llamadas "resistencias de carbón" y usan un código de *colores* como se ve a continuación para identificar el *valor* en ohmios de la resistencia en cuestión.

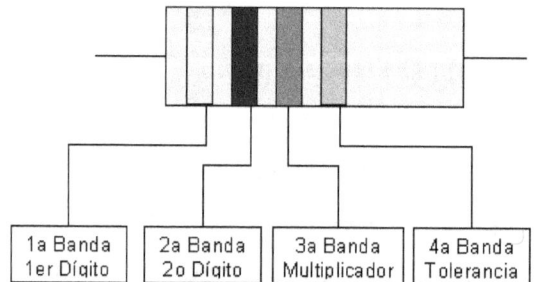

| 1a Banda 1er Dígito | 2a Banda 2o Dígito | 3a Banda Multiplicador | 4a Banda Tolerancia |

El *sistema* para usar este código de *colores* es el siguiente: La primera banda de la resistencia indica el primer dígito significativo, la segunda banda indica el segundo dígito significativo, la tercera banda indica el número de ceros que se deben añadir a los dos dígitos anteriores para saber el *valor* de la resistencia, en la cuarta banda se indica el rango de *tolerancia* entre el cual puede oscilar el valor real de la resistencia.

Ejemplo:

Primer dígito: Amarillo = 4

Segundo dígito: Violeta = 7

Multiplicador: Rojo = 2 ceros

Tolerancia: Dorado = 5 %

Valor de la resistencia: 4700 W con un 5 % de *tolerancia*

Multímetro

Un **multímetro**, a veces también denominado **polímetro** o **tester**, es un instrumento electrónico de medida que combina varias funciones en una sola unidad. Las más comunes son las de *voltímetro*, *amperímetro* y *ohmiómetro*.

Funciones comunes

Existen funciones básicas citadas algunas de las siguientes:

Un comprobador de continuidad, que emite un sonido cuando el circuito bajo prueba no está interrumpido o la *resistencia* no supera un cierto nivel. (También puede mostrar en la pantalla 00.0, dependiendo el tipo y modelo). Presentación de resultados mediante dígitos en una pantalla, en lugar de lectura en una escala. *Amplificador* para aumentar la sensibilidad, para medida de *tensiones* o *corrientes* muy pequeñas o resistencias de muy alto valor. Medida de *inductancias* y *capacitancias*. Comprobador de *diodos* y *transistores*. Escalas y *zócalos* para la medida de *temperatura* mediante *termopares* normalizados.

Multímetros con funciones avanzadas

Más raramente se encuentran también multímetros que pueden realizar funciones más avanzadas como:

- Generar y detectar la **Frecuencia intermedia** de un aparato, así como un circuito **amplificador** con **altavoz** para ayudar en la sintonía de circuitos de estos aparatos. Permiten el seguimiento de la **señal** a través de todas las etapas del receptor bajo prueba.

- Realizar la función de **osciloscopio** por encima del millón de muestras por segundo en velocidad de barrido, y muy alta **resolución**.

- Sincronizarse con otros instrumentos de medida, incluso con otros multímetros, para hacer medidas de **potencia** puntual (Potencia = Voltaje * Intensidad).

- Utilización como aparato telefónico, para poder conectarse a una línea telefónica bajo prueba, mientras se efectúan medidas por la misma o por otra adyacente.

- Comprobación de circuitos de electrónica del **automóvil**.

- Grabación de ráfagas de alto o bajo voltaje.

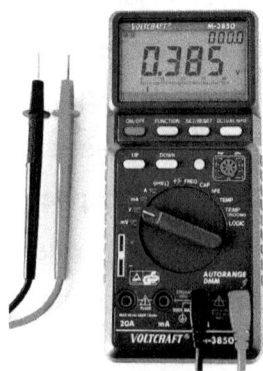 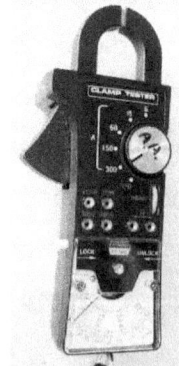

Polímetro y Pinza amperimétrica

Osciloscopio

Un **osciloscopio** es un *instrumento de medición electrónico* para la representación gráfica de *señales* eléctricas que pueden variar en el tiempo. Es muy usado en *electrónica de señal*, frecuentemente junto a un *analizador de espectro*. Presenta los valores de las señales eléctricas en forma de coordenadas en una pantalla, en la que normalmente el eje X (horizontal) representa tiempos y el eje Y (vertical) representa tensiones. La imagen así obtenida se denomina oscilograma. Suelen incluir otra entrada, llamada "**eje Z**" que controla la luminosidad del haz, permitiendo resaltar o apagar algunos segmentos de la traza. Los osciloscopios, clasificados según su funcionamiento interno, pueden ser tanto *analógicos* como *digitales*, siendo en teoría el resultado mostrado idéntico en cualquiera de los dos casos.

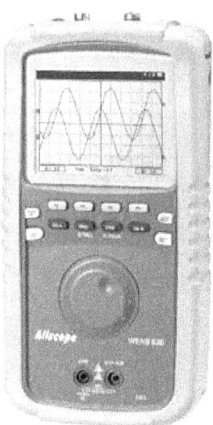

Osciloscopio

Procedimientos de conexión. Procesos de medidas

Circuito cerrado

Todos los circuitos deben ser cerrados para que la que la electricidad circule del polo negativo al positivo, y así haya un consumo en el receptor elegido o receptores elegidos.

Un circuito cerrado muy especial: el cortocircuito

¿Qué es y por qué se produce un cortocircuito?

Cortocircuito:

Se produce **cuando** por alguna razón, el cable *conductor* **une** el **polo positivo** y el **polo negativo** del *generador eléctrico* se ponen en contacto **sin que haya entre ellos un receptor** (*lámpara*, *motor*, u otra *resistencia eléctrica*). Esto trae como consecuencia que la *intensidad* que circula por el *circuito* se dispara generando calor en dicho circuito y pudiendo llegar a provocar un incendio en el mismo. Para **evitar esto** se instala un **fusible o cualquier otro operador** cuya misión sea que, cuando la *intensidad eléctrica* de un *circuito* se dispare de forma no controlada, corte la circulación de *corriente eléctrica* en él para evitar los peligros que este exceso de *intensidad eléctrica* podría generar: incendios, muertes, etc.

Circuito abierto

Cuando un circuito está abierto, no hay consumo de electricidad, y por tanto no funciona los dispositivos receptores, al no llegarle la electricidad. Con el polímetro se mide la continuidad o la resistencia del circuito, que debe de ser infinita (el aire tiene resistencia eléctrica infinita).

Procesos de medidas

El polímetro como su nombre indica (poli = varios / metro = medir), puede realizar mediciones de magnitudes eléctricas y electrónicas. Las mediciones más básicas e fundamentales que se realizan son las que se explican a continuación:

En los circuitos de CC, hay que tener cuidado con las polaridades y las conexiones a realizar. Si al medir alguna magnitud, esta nos sale negativa, es que tenemos la polaridad cambiada en el polímetro o el circuito está mal conectado.

Nota importante: *Siempre se escogerá la escala superior que haya, para realizar la medición, y se irá bajando, hasta poder leer la medición.*

Medición de Resistencia

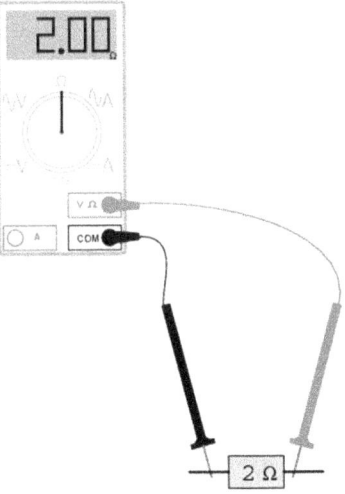

Medición de voltaje, tensión o d.d.p

Nota.- También se puede medir el voltaje en CA, elegir en el multímetro la corriente alterna (~).

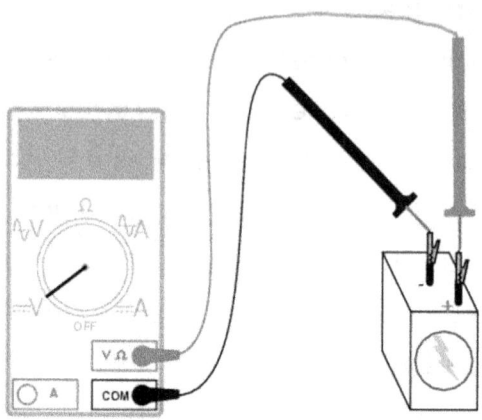

Medición de Intensidad

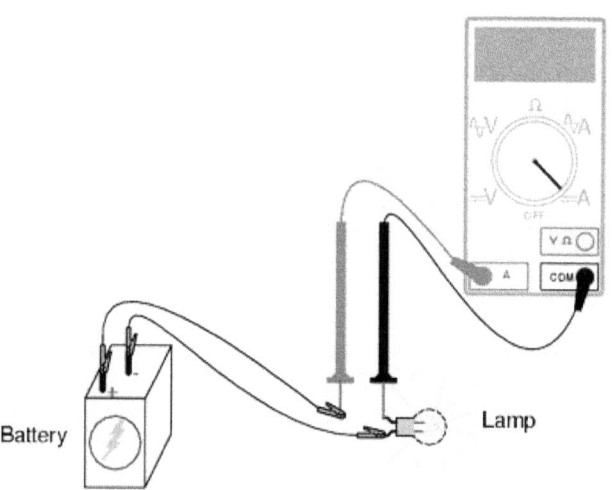

Battery

Lamp

Atención: No se debe medir la intensidad directamente en CA o desde un enchufe, ya que aparte de estropear el polímetro, puede resultar peligroso.

Medición de continuidad

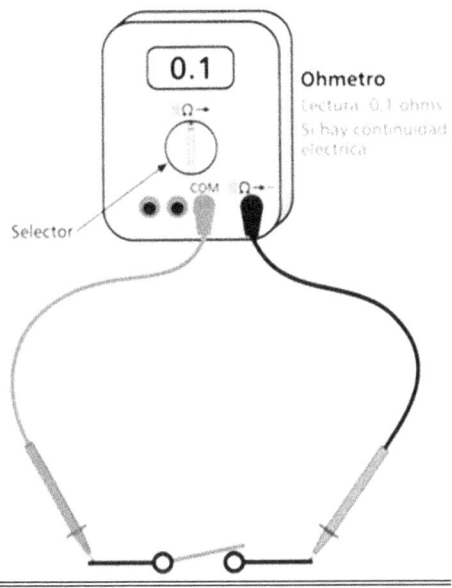

Nota.- Esta medición es muy útil, cuando se estropean algunos aparatos, ya que la mayoría de las averías eléctricas son circuitos que están abiertos, debido a que una de sus resistencias o conductores se han estropeado, y comprobando por partes donde hay continuidad se puede saber dónde está la avería, y sustituir la parte dañada.

Medición de potencia

Vatímetro midiendo la potencia consumida por una carga monofásica.

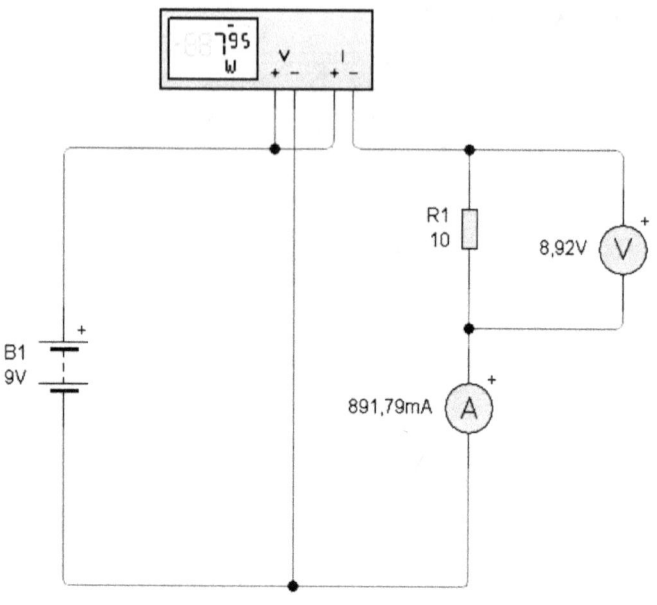

Medidores en un circuito eléctrico

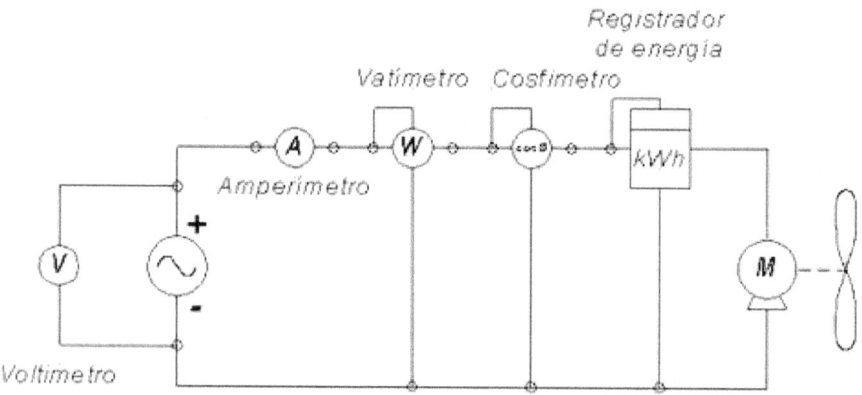

Magnitudes Eléctricas, fórmulas básicas: V, W, I, R

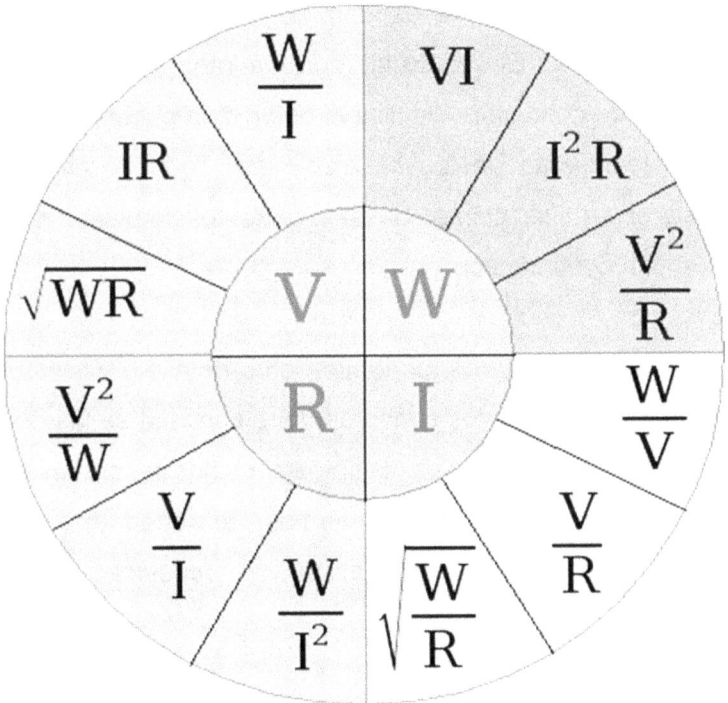

Representación gráfica y simbología en las instalaciones eléctricas. Normas de representación

Actualmente existen varias normas vigentes en las que se especifica la forma de preparar la documentación electrotécnica. Estas normas fomentan los símbolos gráficos y las reglas numéricas o alfanuméricas que deben utilizarse para identificar los aparatos, diseñar los esquemas y montar los cuadros o equipos eléctricos. El uso de las normas internacionales elimina todo riesgo de confusión y facilita el estudio, la puesta en servicio y el mantenimiento de las instalaciones. Toda la información expuesta en esta sección se basa en extractos de dichas normas, expuestas a continuación.

Para conocer todos los símbolos con detalle, así como la representación de nuevos símbolos debe consultarse la norma al completo. La obtención de los distintos símbolos se forman a partir de la combinación de acoplamientos, accionadores y otros símbolos básicos. A continuación se muestran los más importantes.

Motor de arranque	Alternador	Luces de posición	Lavaparabrisas	Reglaje inclinación	
Precalentamiento	Encendido	Luces de carretera	Lavalunas TRAS.	Temperatura agua motor	
Bobina de encendido	Amplificador	Luces de cruce	Limpialunas TRAS.	Señal de peligro	
Cajetín intermitencia	Inyector	Luces de niebla	Limpialunas TRAS	Captador presión	
Batería	Captador distancia	Luz testigo	Elevalunas	Reglaje longitudinal asiento	
Potenciómetro	Electroválvula ralentí	Limpia lavaparabrisas	Condenación de puertas	Temperatura aceite motor	
Caudalímetro	Captador de distancia	Limpiaparabrisas	Elevalunas	Intermitentes	
Electroválvula	Fallo motor	Temperatura aire	Apertura de las puertas	Catalizador	
Sonda Lambda	Captador de picado	Presión aceite	Llave		

LUCES ALTAS	FAROS DE NIEBLA	FAROS DELANTEROS LUCES DE ESTACIONAMIENTO LUCES DEL TABLERO	SEÑALES DIRECCIONALES	ADVERTENCIA DE PELIGRO	LAVAPARABRISAS
LIMPIAPARABRISAS	LIMPIA Y LAVAPARABRISAS	WINDSCREEN DEMISTING AND DEFROSTING	VENTILADOR	DESEMPAÑADOR DE LA VENTANA TRASERA	LIMPIADOR DE LA VENTANA TRASERA
LAVADOR DE LA VENTANA TRASERA	COMBUSTIBLE	TEMPERATURA DEL REFRIGERANTE DEL MOTOR	CONDICION DE CARGA DE LA BATERIA	ACEITE DEL MOTOR	CINTURONES DE SEGURIDAD
FALLA DE FRENOS	FRENO DE ESTACIONAMIENTO	COFRE	CAJUELA	CORNETAS	ENCENDEDOR DE CIGARRILLOS

Símbolos del automóvil

	Resistencia, símbolo general.
	Fotorresistencia
	Resistencia variable
	Resistencia variable de valor preajustado
	Potenciómetro con contacto móvil
	Resistencia dependiente de la tensión
	Elemento calefactor
	Condensador, símbolo general.
	Condensador polarizado, condensador electrolítico.
	Condensador variable
	Condensador con ajuste predeterminado
	Bobina, símbolo general, inductancia, arrollamiento o reactancia

Símbolos de resistencias, condensadores y bobinas

Corriente alterna C A	Transformador	Condensador C	Amperímetro
Corriente continua C C	Puente rectificador	Condensador polarizado	OHMETRO
Batería	Diodo A K	L Bobina Inductora	Voltímetro
Pulsador P	Diodo Zener	NPN Transistor	Termómetro
Interruptor	Diodo Led	PNP Transistor	Toma de tierra
Conmutador	Opto Acoplador		Toma de masa
Conmutador	Tiristor SCR	Fusible	Lampara de incandescencia
Resistencia R	Triac	Bocina	Lampara piloto
Potenciometro	Rele, varias representaciones	Altavoz	Tres conductores
		Antena	Cruce de conductores sin conexión
Generador o Alternador G	Motor de C C M	Motor de C C 2 velocidades M	Cruce de conductores con conexión

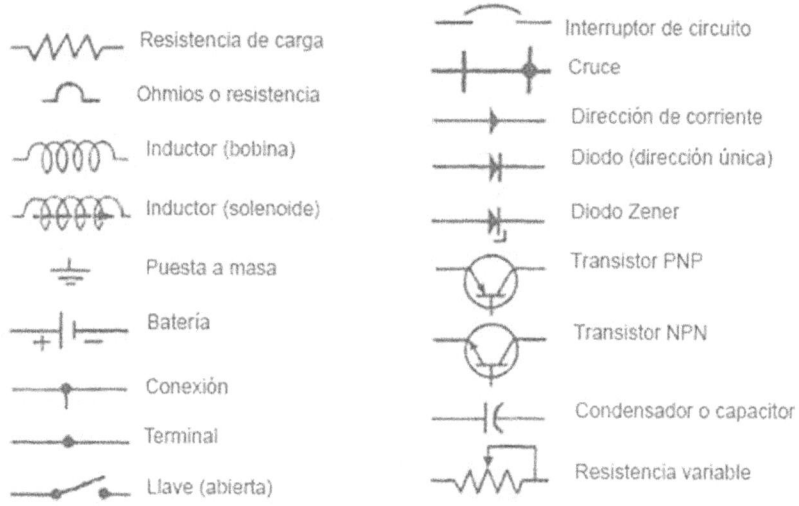

Símbolos electrónica

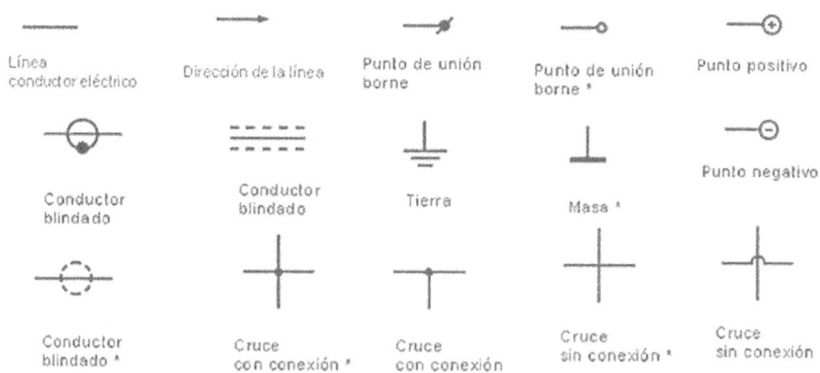

Símbolos de conductores, masa y tierra

Instrumentos de medida y señalización		
	$\otimes$ (V / U_d) symbol	**Voltímetro diferencial.** Indicador de la diferencia de tensión entre dos señales.
	Galvanometer symbol (arrow)	**Galvanómetro.** Indicador del aislamiento galvánico.
	Thermometer symbol	**Termómetro. Pirómetro.** Indicador de la temperatura.
	Tachometer symbol (n)	**Tacómetro.** Indicador de las revoluciones.
	$\otimes$	**Lámpara de señal, símbolo general.** Si se desea indicar el color, se debe colocar el siguiente código junto al símbolo: RD ó C2 = rojo OG ó C3 = Naranja YE ó C4 = amarillo GN ó C5 = verde BU ó C6 = azul WH ó C9 = blanco Si se desea indicar el tipo de lámpara, se debe colocar el siguiente código junto al símbolo: Ne = neón Xe = xenón Na = vapor de sodio Hg = mercurio I = yodo IN = incandescente EL = electromínínico ARC = arco FL = fluorescente IR = infrarrojo UV = ultravioleta LED = diodo de emisión de luz.
	$-\otimes-$ (oscilatorio)	**Lámpara de señalización, tipo oscilatorio**
	transformer lamp symbol	**Lámpara alimentada mediante transformador incorporado.**
	bocina symbol	**bocina**
	bell symbol	**Timbre, campana**
	buzzer symbol	**Zumbador**
	siren symbol	**Sirena**
	whistle symbol	**Silbato de accionamiento eléctrico**
	electromechanical symbol	**Elemento de señalización electromecánico**

La norma desarrolla muchísimos más símbolos normalizados de representación, de uso menos frecuentes y más especializados. Para consultar el listado completo se recomienda leer la norma completa.

Planos y esquemas eléctricos normalizados. Topología

Representación del esquema de los circuitos
Se admiten dos tipos de representación de los esquemas de los circuitos: **Unifilar y desarrollado.**
Cada uno de ellos tiene un cometido distinto en función de lo que se requiere expresar:

Esquema unifilar
El esquema unifilar o simplificado se utiliza muy poco para la representación de equipos eléctricos con automatismos por su pérdida de detalle al simplificar los hilos de conexión agrupándolos por grupos de fases, viéndose relegado este tipo de esquemas a la representación de circuitos únicamente de distribución o con muy poca automatización en documentos en los que no sea necesario expresar el detalle de las conexiones. Todos los órganos que constituyen un aparato se representan los unos cerca de los otros, tal como se implantan físicamente, para fomentar una visión globalizada del equipo. El esquema unifilar no permite la ejecución del cableado. Debemos recordar que las normativas internacionales obligan a todos los fabricantes de equipos eléctricos a facilitar con el equipo todos los esquemas

necesarios para su mantenimiento y reparación, con el máximo detalle posible para no generar errores o confusiones en estas tareas por lo que se recomienda el uso de esquemas desarrollados.

Esquema desarrollado

Este tipo de esquemas es explicativo y permite comprender el funcionamiento detallado del equipo, ejecutar el cableado y facilitar su reparación. Mediante el uso de símbolos, este esquema representa un equipo con las conexiones eléctricas y otros enlaces que intervienen en su funcionamiento. Los órganos que constituyen un aparato no se representan los unos cerca de los otros, (tal como se implantarían físicamente), sino que se separan y sitúan de tal modo que faciliten la comprensión del funcionamiento. Salvo excepción, el esquema no debe contener trazos de unión entre elementos constituyentes del mismo aparato (para que no se confundan con conexiones eléctricas) y cuando sea estrictamente necesaria su representación, se hará con una línea fina de trazo discontinuo. Se hace referencia a cada elemento por medio de la identificación de cada aparato, lo que permite definir su tipo de interacción. Se puede utilizar el hábito de preceder las referencias a los aparatos de un guion para distinguir rápidamente las siglas identificadoras del aparato en el esquema de otras siglas, números de serie o referencias que puedan acompañar la representación del símbolo.

Ejemplos de representación de circuitos eléctricos automotriz

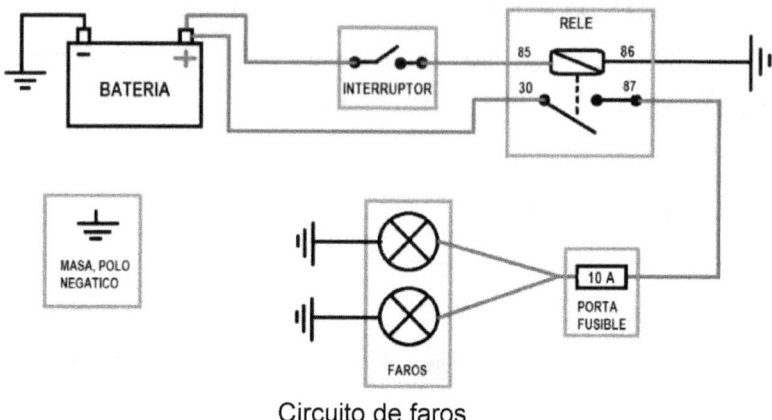

Circuito de faros

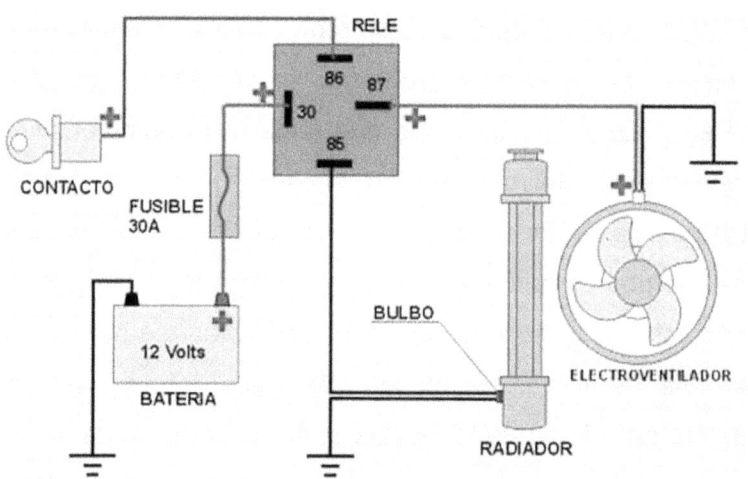

CIRCUITO ELECTROVENTILADOR

Plano. Definición

Los planos deberán ser lo suficientemente descriptivos para la exacta realización del vehículo, a cuyos efectos deberá poderse deducir también de ellos los planos auxiliares de las partes y componentes. Los planos deberán ser también lo suficientemente descriptivos y estar acotados para que se puedan deducir de ellos las mediciones que sirvan de base para las valoraciones pertinentes. Se ajustarán a la normativa vigente. Los planos contendrán los detalles necesarios, y en particular, los detalles de uniones y piezas entre elementos. En cada plano figurará un cuadro con las características de los materiales estructurales, la modalidad de control de calidad previsto, si procede, y los coeficientes de seguridad adoptados en el cálculo. Todos y cada uno de los planos serán doblados al mismo tamaño, y de forma tal que en su cara externa aparezca un sello o cajetín donde queden expresados necesariamente los siguientes conceptos:

- *Título completo del Vehículo o parte.*
- *Localización.*
- *Nombre del cliente.*
- *Nombre y firma del autor, bajo el rótulo de Ingeniero.*
- *Fecha.*
- *Rotulación del plano, exacta y concisa.*
- *Escala o escalas.*
- *Número de orden que le corresponda.*

Esquema eléctrico

Es importante para interpretar los esquemas eléctricos:

- Conocer el funcionamiento de los elementos que componen dicho esquema.

- Conocer que representa cada símbolo dibujado en el esquema.

- Conocer y reconocer los valores allí establecidos. Tensión, Amperaje, Ohms, Potencia, etc.

- Reconocer los tipos de circuitos, comandos y elementos que componen el esquema.

- Finalmente, reconocer el funcionamiento general de todo el esquema.

Ejemplo de esquemas eléctricos automotriz

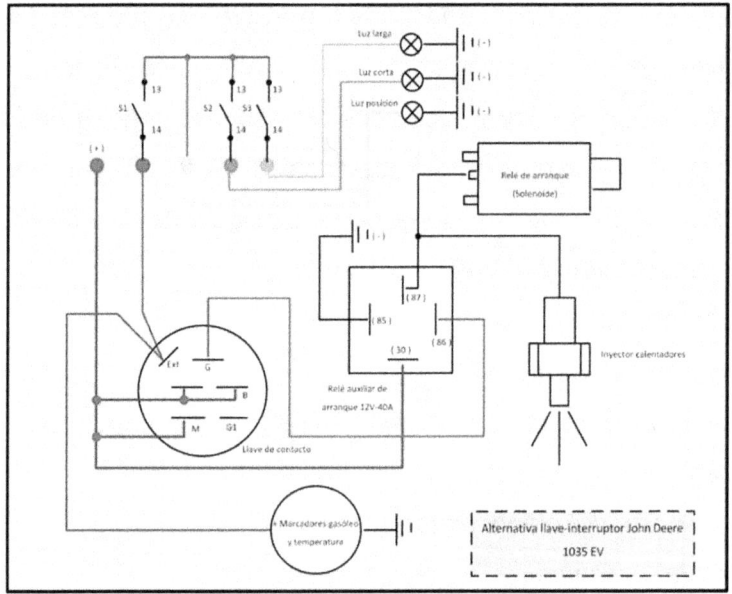

Esquema circuito de luces y arranque

CIRCUITO DE FOCOS MAYORES CON DOS RELE SIMPLE DE CUATRO TERMINALES

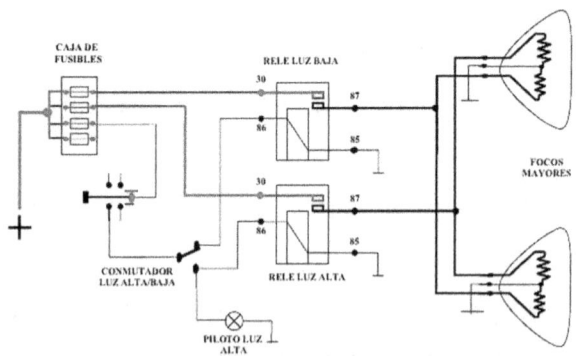

Esquema de luces altas

Componentes eléctricos del automóvil

Complementos eléctricos

El sistema eléctrico del automóvil ha evolucionado desde su surgimiento en gran medida y además, son muchas las prestaciones que pueden aparecer en uno u otro tipo de vehículo, por tal motivo resulta muy difícil, si no imposible, establecer un sistema eléctrico universal para todos. En la época en la que el generador de corriente directa (dinamo) suministraba la potencia eléctrica, y debido a su limitada capacidad, las partes accionadas eléctricamente estaban restringidas generalmente al arranque del motor, la iluminación y alguna que otra prestación adicional, pero con el surgimiento del alternador en los años 1960s y su posibilidad de producir grandes potencias, ha ido pasando gradualmente a accionamiento eléctrico una gran parte de los mecanismos clásicos del automóvil, en general todo el sistema de control y se han agregado muchos nuevos. De este modo, hasta la preparación de la mezcla aire-combustible del motor de gasolina se hace de manera eléctrica con el uso de un sofisticado sistema de inyección. En la figura a continuación se ha tratado de establecer un circuito lo más amplio posible de un automóvil de gasolina actual con las prestaciones básicas con el fin de facilitar su comprensión general, pero en muchos de los automóviles más modernos el sistema eléctrico es extraordinariamente complejo e incluye muchas partes electrónicas que no se han representado aquí. Seguidamente la Figura 1 con los detalles eléctricos:

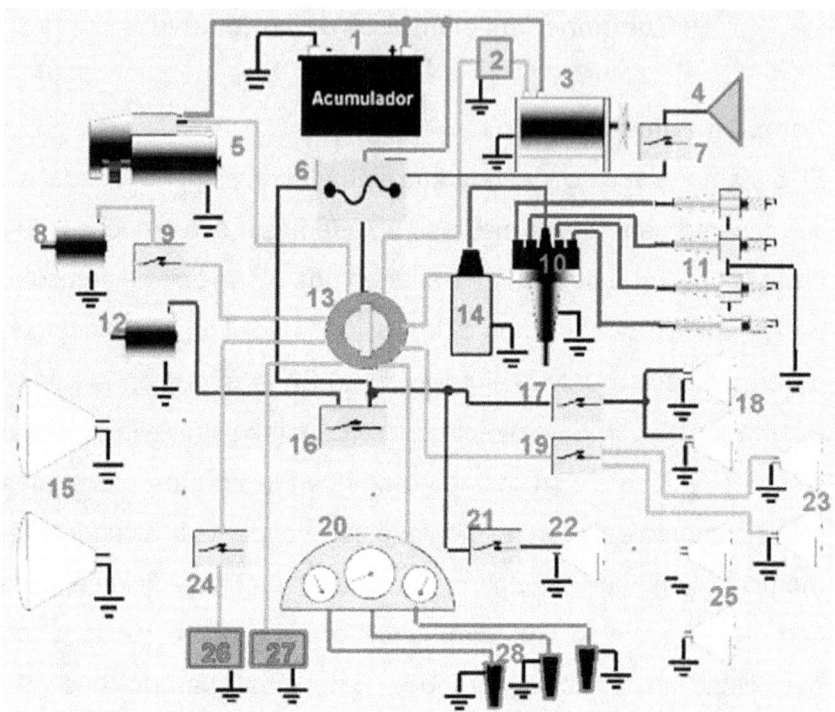

Observe que en la figura 1 que los cables conectores aparecen con diferentes colores, y son los siguientes:

Rojo: Conexiones directas al acumulador sin protección con fusibles.

Marrón: Conexiones alimentadas a través de fusibles de protección. Estos fusibles y sus circuitos correspondientes pueden ser múltiples, aunque en el esquema se representan como uno solo. Cuando la potencia eléctrica lo requiere se utilizan relés relevadores que no han sido representados.

Verde: Circuitos alimentados desde el interruptor de encendido. Estos circuitos solo tienen tensión eléctrica cuando el interruptor está conectado. Cuando la potencia eléctrica lo requiere se utilizan relés relevadores que no han sido representados.

Azul: Cables de alta tensión del sistema de encendido (en la actualidad estos cables no existen en una buena parte de los automóviles).

Violeta: Circuitos protegidos con fusible, para algunas de las prestaciones adicionales, con interruptor propio. Estos circuitos están alimentados con tensión en todo momento. Cuando la potencia eléctrica lo requiere se utilizan relés relevadores que no han sido representados.

Amarillo: Circuito de iluminación de carretera y tablero de instrumentos. Está protegido con fusibles y alimentado con tensión permanentemente. Tiene su propio interruptor. En algunos casos la permutación de las luces principales de carretera se hace con el uso de relés relevadores, que no han sido representados.

Magenta: Cables a los sensores de los instrumentos del tablero.

Negro: Conexiones de tierra.

Las partes incluidas en el diagrama del circuito son

1.- Acumulador 2.-Regulador de voltaje 3.-Generador 4.- Bocina o claxon 5.-Motor de arranque 6.-Caja de fusibles 7.-Interruptor de claxon   8.-Prestaciones de potencia que funcionan con el interruptor de encendido conectado y con interruptor propio; ejemplo: vidrios de ventanas, limpiaparabrisas etc. 9.-Representa los interruptores de las prestaciones 8 10.-Distribuidor 11.-Bujías 12.-Representa las prestaciones de potencia que funcionan sin el interruptor de encendido; ejemplo: seguros de las puertas, cierre del baúl de equipaje etc. 13.-Interruptor de encendido 14.- Bobina de encendido   15.-Faros de luz de carretera delanteros   16.- Interruptor de faros de luz de carretera 17.-Interruptor de faros de luz de frenos 18.-Luces indicadoras de frenado 19.-Interruptor-permutador de faros de vía (intermitentes) 20.-Tablero de instrumentos 21.-Interruptor de lámpara de cabina 22.-Lámpara de cabina 23.-Luces de vía (intermitentes) 24.-Interruptor de prestaciones especiales 25.-Luces de carretera traseras 26.-Representa las prestaciones especiales que solo funcionan con el interruptor de encendido conectado; ejemplo: radio, antenas eléctricas etc. 27.-Sistema de inyección de gasolina 28.-Sensores de instrumentos del tablero.

Todos estos sistemas, además de estar en función de las necesidades existentes en cada momento, deben cumplir con la Ley sobre Tráfico Circulación de Vehículos a Motor y Seguridad Vial.

Batería

La batería de acumuladores se usa en los automóviles para el arranque, encendido, alumbrado y accionamiento del claxon y demás accesorios eléctricos cuando el motor está parado. Su misión es proporcionar la corriente eléctrica necesaria en el automóvil cuando el sistema generador no funciona (por ejemplo a vehículo parado). Las baterías que se emplean en los automóviles son del tipo de placas de plomo, a las que nos referimos en las explicaciones que siguen. Las placas de plomo en forma de rejilla llevan en sus intersticios o huecos, unas pastillas de material activo: plomo esponjoso, para las negativas y peróxido de plomo para las positivas. Entre las placas se colocan unas láminas aislantes, llamadas separadores, que suelen ser de madera, caucho, fibra, plástico, lana de vidrio, etc.

Tanto las placas positivas como negativas van unidas por unos puentes, conectadas en paralelo, y se montan intercalando las positivas entre las negativas y con los separadores entre cada par de placas. Unas y otras se colocan en el interior de un vaso, formando lo que se llama un elemento de batería o acumulador.

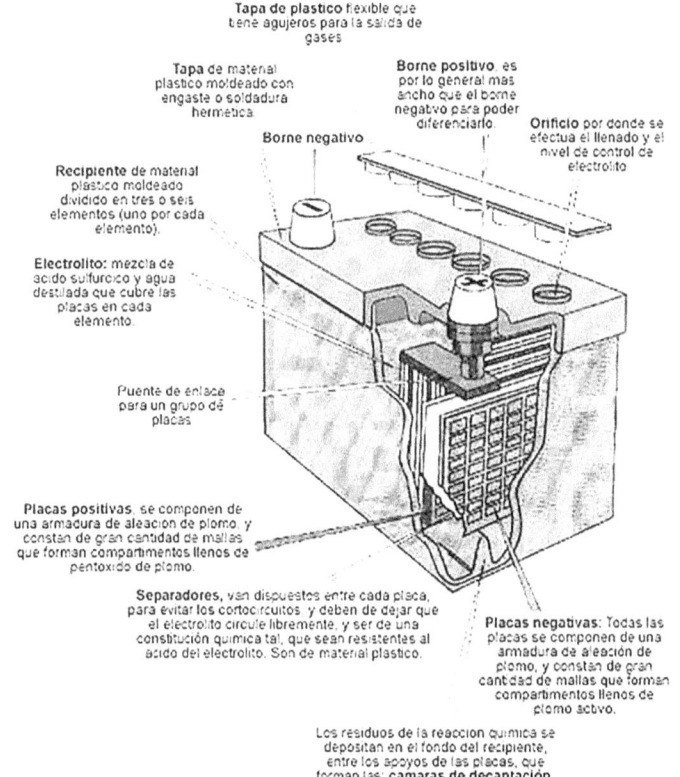

Dispone de tapones para el llenado del electrolito, para verificar su nivel y para permitir la salida de gases que se producen durante las reacciones químicas. El electrolito compuesto par ácido sulfúrico y agua pura, se consigue en la proporción aproximada de ocho partes de agua y tres de ácido. Todas las baterías están formadas por varios elementos, que se disponen unos a continuación de otros, uniéndose sus terminales de forma que las placas negativas de cada uno estén unidas a las placas positivas de elemento siguiente, es decir, montados todos los elementos en serie, quedando dentro de una caja dividida por medio de tabiques. Aunque el voltaje de cada elemento puede variar entre 2'2 voltios, cuando está cargado y 1'7 voltios, cuando está descargado, se considera prácticamente que el voltaje de cada elemento es de 2 voltios. Así, una batería con seis elementos colocados en serie, es una batería de 12 voltios. Las baterías no sólo se caracterizan por su voltaje, sino también por su capacidad, que depende de las dimensiones de las placas y del número de ellas, o sea, por la cantidad de energía eléctrica que pueden devolver cuando están completamente cargadas. Esta capacidad se expresa en amperios-hora. Una batería de 80 amperios-hora puede proporcionar en su descarga la corriente de un amperio durante ochenta horas seguidas antes de que su voltaje descienda por debajo de 1'7 voltios, en cuyo momento se considera que la batería está descargada. Aunque en la actualidad muchas de las baterías son de las denominadas: "sin mantenimiento" o de "bajo mantenimiento", son necesarios unos cuidados mínimos para mantenerlas en perfecto estado. Es importante mantener los bornes perfectamente limpios, para que permitan una buena conexión con los terminales, asegurándonos que estos últimos estén bien apretados. Para aislar los bornes de la humedad y evitar la reacción de sulfatos conviene recubrirlos con grasa neutra o vaselina. Conviene revisar con cierta periodicidad el nivel del electrolito (ácido sulfúrico y agua), que debe estar 1 cm., aproximadamente, por encima de las placas. El agua del interior se evapora progresivamente por lo que es necesario reponerla hasta alcanzar el nivel adecuado. Esta operación debe hacerse siempre con agua destilada. La proporción del electrolito es de 3 partes de ácido por 8 de agua, (25% del ácido en volumen), con una densidad de 1'28. Por otro lado, el anclaje de la batería en su alojamiento, debe ser suficientemente firme y sólido. Debemos comprobar regularmente el apriete de los tornillos o tuercas del mecanismo que la fija, para evitar que se mueva durante la marcha. Para evitar una descarga de la batería en el arranque no se insistirá más de 3 segundos, y en caso de que no arranque el motor hemos de esperar unos segundos hasta repetir la maniobra. Esta operación se extremará en invierno, donde el arranque es más costoso, debido a la mayor resistencia de los órganos del motor al movimiento. La capacidad de una batería disminuye más, cuanto menor es la temperatura. La conexión eléctrica en paralelo se consigue uniendo los polos del mismo signo (se consigue la suma de las capacidades y se mantiene el voltaje-tensión de baterías). La conexión eléctrica en serie se consigue uniendo los polos de diferente signo (se suman los voltajes y se mantiene la capacidad, si son baterías). Para arrancar el motor de un vehículo que tiene la batería descargada, con la ayuda de otra batería, se procede de la siguiente manera:

-Comprobar que las baterías son de la misma tensión (voltaje) y de capacidad similar.

-Se unen en paralelo, con cables apropiados, primero los polos positivos y después los negativos (polo positivo con positivo, y negativo con negativo de ambas baterías).

-A continuación se acciona el motor de arranque del vehículo que se pretende poner en marcha.

-Después se desconectan los cables de forma inversa, primero lo que van a los bornes negativos y luego los positivos.

Hay que tener especial cuidado en no tocar unos cables con otros, ni en la chapa del vehículo, ante el riesgo de cortocircuitos, y no hacerlo si no se está seguro, es preferible acudir al servicio técnico especializado. Para conectar dos baterías de 12 voltios, obteniendo un resultado final de 24 V. se procede conectando, en serie, de la siguiente forma:

-Se conecta el borne negativo de la primera con el positivo de la segunda.

-El positivo de la primera se conecta a corriente (receptores).

-El negativo de la segunda a masa.

Batería de bajo mantenimiento. Las baterías convencionales utilizan antimonio con el plomo en la construcción del armazón de las placas. El antimonio aumenta la autodescarga en el tiempo de reposo de la batería. Actualmente se construyen baterías de bajo mantenimiento, que permiten disminuir el contenido de antimonio, utilizándose a su vez separadores más delgados y de mayor porosidad. Estas baterías presentan las ventajas de una menor autodescarga en reposo, mayor duración en servicio y menor entretenimiento. En estas baterías de bajo mantenimiento se debe verificar el nivel del electrolito y recuperarlo, en caso necesario, con agua destilada.

Batería sin mantenimiento. Se utilizan en la mayoría de los vehículos actuales. Se elimina totalmente el antimonio que produce corrosión, autodescarga en reposo y evaporación del agua. Presenta las siguientes ventajas:

-No necesita agua destilada.

-Disminuye la autodescarga.

Batería alcalina o metálica

No se emplean en automóviles debido a su mayor costo de fabricación, menor voltaje por acumulador y menor rendimiento que las de plomo.

Sistema de generación de electricidad

Un generador eléctrico es un aparato capaz de mantener una diferencia de cargas eléctricas entre dos puntos, es decir, voltaje, transformando otras formas de energía en energía mecánica y posteriormente en una corriente alterna de electricidad aunque esta corriente alterna puede ser convertida a corriente directa con una rectificación. Para construir un generador eléctrico se utiliza el principio de "inducción electromagnética" descubierto por Michael Faraday en 1831, y que establece que si un conductor eléctrico es movido a través de un campo magnético, se inducirá una corriente eléctrica que fluirá a través del conductor. Debido a que una de los elementos fundamentales de la materia es precisamente la carga electromagnética compuesta de un campo magnético y un campo eléctrico asociado al movimiento de las partículas. Un generador utiliza bosones del campo magnético para energizar cinéticamente electrones y provocar una interacción con otros electrones, que tiene como consecuencia la generación de la corriente eléctrica y un voltaje. En el sistema eléctrico del automóvil hay una serie de receptores o servicios que consumen energía eléctrica de la batería para su funcionamiento, tales como: el motor de arranque, luces, limpiaparabrisas, electroventilador, etc., que, agotarían la energía de la batería, dependiendo de la capacidad de ésta. Por eso es necesario un sistema que tenga la misión de reponer o cargar la batería para su posterior utilización, además de alimentar los diferentes sistemas y elementos eléctricos cuando el motor está en funcionamiento. Para conseguir esto, emplearemos una fuente de alimentación o generador, que podrá ser la dinamo o el alternador.

Generadores eléctricos del vehículo
Dinamo

Una dínamo es un generador eléctrico que transforma la energía mecánica en energía eléctrica, debido a la rotación de cuerpos conductores en un campo magnético. El término "dínamo" es usado especialmente para referirse a generadores de los que se obtiene corriente continua.

Funcionamiento: una dínamo está compuesta principalmente por una bobina e imanes. Cuando la bobina gira influenciada por el campo magnético de los imanes, se induce en esta una corriente eléctrica que se conduce al exterior mediante unas escobillas.

Evolución: gracias al descubrimiento de la inducción electromagnética en 1831 por Michael Faraday , a su trabajo y experimentos, como el precursor de la dínamo, conocido como "disco de Faraday", se pudo diseñar la primera dinamo en 1832, atribuida al fabricante de herramientas Hipólito Pixii.

Posteriormente, Antonio Pacinotti en 1860 y Zénobe Gramme en 1870 desarrollaron las dinamos anteriores, creando dínamos más eficientes. Después, se creó el alternador (corriente alterna), que fueron sustituyendo a la dinamo.

Aplicaciones: las aplicaciones de la dínamo son múltiples, sus primeros usos fueron la instalación en bicicletas para proporcionar energía y poder alumbrar. En la actualidad, las usamos principalmente en los automóviles y en algunos aparatos domésticos, pero su mayor utilidad es su aplicación a las energías renovables. En la obtención de la energía eólica, el viento mueve las aspas conectadas al eje de la dínamo, produciendo electricidad. El mismo principio es usado en la obtención de la energía hidráulica.

Tipos de dínamos

Los dínamos se dividen en tres clases, según la construcción de su inductor y sus conexiones: dínamo SHUNT o excitación en derivación, dinamo SERIE o estacionen en serie y dinamo COMPOUND o con excitación compuesta.

La dínamo shunt: tiene sus bobinas inductoras conectadas en paralelo con el inducido. Las bobinas inductoras de las dínamos shunt están compuestas de un gran número de vueltas de alambre de pequeño diámetro y con una resistencia suficiente para que puedan estar permanentemente conectadas a través de las escobillas y soportar todo el voltaje del inducido durante el funcionamiento. Por consiguiente, la corriente que circula por esas bobinas depende de su resistencia y del voltaje del inducido.

El generador con excitación shunt suministra energía eléctrica a una tensión aproximadamente constante, cualquiera que sea la carga, aunque no tan constante como en el caso del generador con excitación independiente. Cuando el circuito exterior está abierto, la máquina tiene excitación máxima porque toda la corriente producida se destina a la alimentación del circuito de excitación; por lo tanto, la tensión en bornes es máxima. Cuando el circuito exterior está cortocircuitado, casi toda la corriente producida pasa por el circuito del inducido y la excitación es mínima, la tensión disminuye rápidamente y la carga se anula. Por lo tanto, un cortocircuito en la línea no compromete la máquina, que se des excita automáticamente, cesando de producir corriente; esto es una ventaja sobre el generador de excitación independiente en donde un cortocircuito en la línea puede producir graves averías en la máquina, al no existir este efecto de des excitación automática.

Los generadores shunt presentan el inconveniente de que no pueden excitarse si no están en movimiento, ya que la excitación procede de la misma máquina. El circuito de excitación no lleva fusibles por las razones ya indicadas en el caso del generador de excitación independiente; en este circuito no es necesario un interruptor porque para excitar la máquina basta con ponerla en marcha y para des excitarla no hay más que pararla. El amperímetro en el circuito de excitación puede también suprimirse, aunque resulta conveniente su instalación para comprobar si, por alguna avería, el generador absorbe una corriente de excitación distinta de la normal. Para la regulación de la tensión a las distintas cargas, se dispone también un reóstato de campo, provisto, como en el caso anterior, de borne de cortocircuito. Cuando se dispone permanentemente de tensión en las barras especiales generales, muchas veces se prefiere tomar la corriente de excitación de estas barras y no de las escobillas del generador. Si, al poner en marcha el generador, hay tensión en las barras generales, la máquina se comporta como generador de excitación independiente; si no hay tensión, como generador shunt. Para la puesta en marcha, debe cuidarse de que el interruptor general esté abierto y que el reóstato de campo tiene todas las resistencias intercaladas en el circuito. En estas condiciones, se pone en marcha la máquina motriz, aumentando paulatinamente su velocidad hasta que ésta alcance su valor nominal; al mismo tiempo, aumenta la corriente de excitación y, por lo tanto, la tensión en los bornes del generador, lo que indicará el voltímetro. Si en la red no existen baterías de acumuladores, se acopla a ella el generador a una tensión algo inferior a la nominal, por las razones ya indicadas al estudiar el generador de excitación independiente; para conseguir esta tensión, se maniobra el reóstato de campo paulatinamente, quitando resistencias. No resulta conveniente acoplar el generador a la red antes de excitarlo o a una tensión muy baja, porque si la resistencia exterior fuese muy baja (es decir, que la red estuviese en condiciones próximas al cortocircuito), la corriente de excitación sería muy pequeña e insuficiente para excitar la máquina. De la misma forma que para el caso del generador con excitación independiente, si en la red hubiese baterías de acumuladores, se cerrará el interruptor general, solamente cuando la tensión en bornes de la máquina sea igual a la tensión de la red. Conviene atender a que las baterías de acumuladores no descarguen sobre la máquina, para lo cual es conveniente que el circuito del generador vaya provisto de un interruptor de mínima tensión. Cuando se necesite parar el generador, se descargará, disminuyendo la excitación por medio del reóstato de campo teniendo cuidado de que las baterías no se descarguen sobre el generador y, por lo tanto, manteniendo siempre la tensión nominal. Si no hay baterías acopladas a la red, puede disminuirse la velocidad de la máquina motriz. En cuanto el amperímetro indique una intensidad de corriente nula o casi nula, se abre el interruptor principal, y se para la máquina motriz. Por efecto de la inercia, el gobernador seguirá girando durante algún tiempo y se des excitará poco a poco; si hubiera necesidad de des excitarlo rápidamente, se abrirá el circuito de excitación con las debidas precauciones y se frenará el volante de la máquina motriz. Los generadores shunt se recomiendan cuando no haya cambios frecuentes y considerables de carga o bien cuando haya elementos compensadores, tales como generadores auxiliares, baterías de acumuladores. Si existen acumuladores como reserva o para servicios auxiliares, también se recomienda este tipo de generador ya que la máquina no corre el peligro de que se invierta la polaridad del circuito de excitación; en efecto, cuando el generador carga la batería la corriente tiene el sentido de la flecha de línea continua, y atraviesa la batería desde el polo positivo al polo negativo. Si por una causa accidental (por ejemplo, una pérdida de velocidad en el generador), disminuye la tensión de la máquina y queda inferior a la de la batería, la corriente suministrada por la batería, atraviesa la máquina en sentido opuesto (flecha de línea de trazos), entrando por el borne positivo y saliendo por el negativo, pero en el circuito de excitación circula en el mismo sentido de la corriente producida cuando la máquina funcionaba como generador; en consecuencia, la máquina funciona ahora como motor, y continúa girando en el mismo sentido que tenía antes, cuando funcionaba como generador.

De lo dicho, puede deducirse fácilmente, que el generador shunt puede acoplarse en paralelo sin peligro con otros generadores, aun en el caso de que por causa de una avería accidental en el regulador de la máquina motriz, un generador sea conducido como motor por otro generador. En lo que se refiere al cambio de sentido de giro, es necesario cambiar las conexiones del circuito del inducido, porque haciéndolo así se invierte solamente la polaridad del circuito del inducido pero no la del circuito de excitación, con lo que se evita que la máquina se descebe. No deben tocarse las conexiones de los polos de conmutación, pero sí el ángulo de calado de las escobillas.

Dínamo Serie

En este tipo de máquina. Las bobinas inductoras están conectadas en serie con el inducido y la carga. El bobinado inductor suele estar compuesto de alambre o platina de cobre muy gruesos, de modo que pueda soportar sin recalentarse la corriente de plena carga. Si no hay ninguna carga conectada a la línea, será imposible que pase ninguna corriente por el arrollamiento inductor en serie y que por consiguiente, la dínamo no podrá desarrollar voltaje. Por lo cual, para que un dínamo serie desarrolle voltaje cuando arranca es preciso que haya alguna carga conectada al circuito de línea.

Dinamo compound

En las dínamos compound, las bobinas inductoras están formadas por arrollamientos en serie y en paralelo, sobre cada polo están conectados dos bobinados distintos. La bobina inductora shunt está conectada en paralelo. La bobina inductora en serie, estando en serie con el inducido y la carga tendrá su intensidad variable según la carga. Por consiguiente estas máquinas tendrán algunas de las características de las dínamos Shunt y de los Serie. Hemos visto que el voltaje de la dínamo shunt tiende a bajar cuando aumenta la carga y que el voltaje de la dínamo serie aumenta con la carga. Por consiguiente, diseñando una dínamo compound con las proporciones adecuadas entre los inductores en derivación y en serie, podemos construir una máquina que mantenga, un voltaje casi constante con cualquier variación de la carga. El bobinado inductor shunt de una dínamo Compound suele ser el principal y produce la mayor parte, con mucho del flujo inductor. Los bobinados inductores en serie suelen componerse de sólo unas cuantas vueltas, o sea las suficientes para reforzar el campo magnético cuando aumenta la carga y compensar la caída, de voltaje en el inducido y las escobillas. El campo magnético en derivación de estas dínamos puede ajustarse mediante un reóstato en serie con el arrollamiento, también por medio de un shunt en paralelo con las bobinas inductoras en serie. Sin embargo, el reóstato de campo shunt de esas máquinas no suele emplearse, por lo general, para hacer frecuentes ajustes en su voltaje, sino que se destina a establecer un ajuste correcto entre las intensidades inductoras en serie en derivación cuando los dínamos se ponen en marcha. La variación en la intensidad del campo magnético en serie, que compensa la caída de voltaje al variar la carga, hace innecesario el uso frecuente del reóstato de campo shunt, que se hace en los dínamos shunt. El generador con excitación compound tiene la propiedad de que puede trabajar a una tensión prácticamente constante, es decir, casi independiente de la carga conectada a la red, debido a que, por la acción del arrollamiento shunt, la corriente de excitación tiende a disminuir al aumentar la carga, mientras que la acción del arrollamiento serie es contraria, o sea, que la corriente de excitación tiende a aumentar cuando aumenta la carga. Eligiendo convenientemente ambos arrollamientos puede conseguirse que se equilibren su efecto siendo la acción conjunta, una tensión constante, cualquiera que se la carga. Incluso, se puede obtener, dimensionando convenientemente el arrollamiento serie, que la tensión en bornes aumente si aumenta la carga, conexión que se denomina hípercompound y que permite compensar la pérdida de tensión en la red, de forma que la tensión permanezca constante en los puntos de consumo. El generador compound tiene la ventaja, respecto al generador shunt, de que no disminuye su tensión con la carga, y, además, que puede excitarse aunque no esté acoplado al circuito exterior, tal como vimos que sucedía en el generador shunt. Durante la puesta en marcha, funciona como un generador shunt; una vez conectado a la red, la tensión en bornes del generador shunt, tendería a disminuir si no fuera por la acción del arrollamiento serie, que compensa esta tendencia. Es decir, que el arrollamiento serie sirve para regular la tensión del generador, en el caso de que la resistencia exterior descienda más allá de cierto límite. Un generador compound no puede utilizarse para cargar baterías de acumuladores. Si la contra tensión de la batería es mayor que la tensión en bornes del generador, la corriente en el circuito tiene el sentido indicado por la flecha de puntos, y por lo tanto, pasa en sentido contrario por la excitación en serie; si esta corriente es mayor que la correspondiente al arrollamiento shunt, estando también invertida la popularidad del inducido, mientras que el sentido de rotación permanece invariable, el generador está en serie con la batería lo que facilita la descarga peligrosa. Para invertir el sentido de giro sin suprimir el magnetismo remanente, es necesario invertir las conexiones de los dos circuitos de excitación; de esta forma, queda invertida solamente la polaridad de las escobillas.

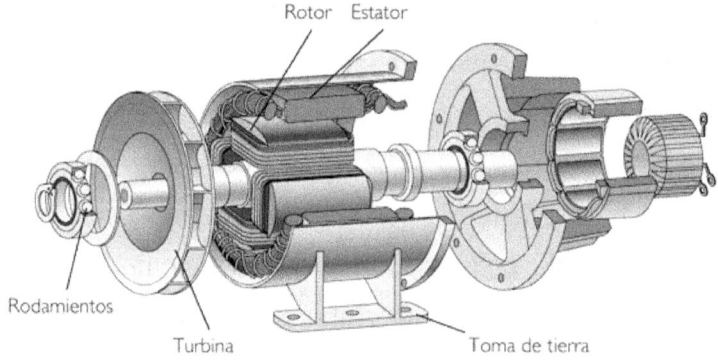

Corte de una Dinamo

Alternador

Sin un conmutador, una dinamo se convierte en un alternador, que es un generador síncrono alimentado por separado. Los alternadores producen corriente con una frecuencia que se basa en la velocidad de rotación del rotor y el número de polos magnéticos alternos. Alternadores automotrices producen una frecuencia variable que cambia con la velocidad del motor, que después se convierte por un rectificador de CC. Por comparación, los alternadores utilizados para alimentar a una red de energía eléctrica se hacen funcionar generalmente a una velocidad muy cerca de una frecuencia específica, para el beneficio de los dispositivos de CA que regulan su velocidad y el rendimiento basado en la frecuencia de red. Algunos dispositivos, tales como lámparas incandescentes y lámparas fluorescentes de lastre-operados no requieren una frecuencia constante, pero los motores síncronos, tales como en los relojes de pared eléctricos no se requiere una frecuencia de red constante. Cuando se conecta a una red eléctrica más grande con otros alternadores, un alternador va a interactuar dinámicamente con la frecuencia ya presente en la red, y operar a una velocidad que coincide con la frecuencia de red. Si no se aplica ninguna potencia de accionamiento, el alternador seguirá a girar a una velocidad constante de todos modos, impulsada como un motor síncrono por la frecuencia de la red. Por lo general, es necesario para un alternador para ser acelerado hasta la velocidad correcta y la alineación de fase antes de conectar a la red, ya que cualquier falta de coincidencia en la frecuencia hará que el alternador para actuar como un motor síncrono, y de repente saltar a la alineación de fase correcta, ya que absorbe una gran cantidad de corriente de la red de corriente de entrada, lo que puede dañar el equipo del rotor y otros. Alternadores típicos utilizan un campo de giro bobinado excitado con corriente continua, y un devanado estacionario que produce corriente alterna. Dado que el campo del rotor sólo requiere una pequeña fracción de la energía generada por la máquina, los cepillos para el contacto de campo pueden ser relativamente pequeños. En el caso de un excitador sin escobillas, sin escobillas se utilizan en absoluto y el eje del rotor lleva rectificadores para excitar el devanado principal de campo.

Partes del alternador

Rotor o inductor

El rotor o parte móvil del alternador, es el encargado de crear el campo magnético inductor el cual provoca en el bobinado inducido la corriente eléctrica que suministra después el alternador. El rotor está formado a su vez por un eje o árbol sobre el cual va montado el núcleo magnético formado por dos piezas de acero forjado que llevan unos salientes o dedos entrelazados sin llegar a tocarse, que constituyen los polos del campo magnético inductor. Cada uno de las dos mitades del núcleo llena 6 o 8 salientes. Con lo que se obtiene un campo inductor de 12 o 16 polos. En el interior de los polos, va montada una bobina inductora de hilo de cobre aislado y de muchas espiras, bobinada sobre un carrete material termoplástico. En uno de los lados del eje, va montada una pieza material termoestable fija al eje del rotor, en la que se encuentran moldeados dos anillos rozantes de cobre, a los cuales se unen los extremos de la bobina inductora. A través de los anillos, y por medio de dos escobillas de carbón grafitado la bobina recibe la corriente de excitación generada por el propio alternador a través del equipo rectificador (autoexcitación). Este equipo móvil perfectamente equilibrado dinámicamente, para evitar vibraciones, constituye un conjunto extraordinariamente robusto que puede girar a gran velocidad sin peligro alguno, al no tener como dinamo elementos que pueden ser expulsados por efecto de la fuerza centrífuga, como ocurre con el colector y bobinas inducidas.

Estator o inducido

El estator es la parte fija del alternador la que no tiene movimiento y es donde están alojadas las bobinas inducidas que generan la corriente eléctrica. El estator tiene una armazón que está formado por un paquete ensamblado de chapas magnéticas de acero suave laminado en forma de corona circular, troqueladas interiormente para formar en su unión las ranuras donde se alojan las bobinas inducidas. El bobinado que forman los conductores del inducido está constituido generalmente por tres arrollamientos separados y repartidos perfectamente aislados en las 36 ranuras que forman el estator. Estos tres arrollamientos, o fases del alternador, pueden ir conectados según el tipo: en estrella o en triángulo, obteniéndose de ambas formas una corriente alterna trifásica, a la salida de sus bornes.

Puente rectificador de diodos

Como se sabe la corriente generada por el alternador trifásico no es adecuado para la batería ni tampoco para la alimentación de los consumidores del vehículo. Es necesario rectificarla. Una condición importante para la rectificación es disponer de diodos de potencia aptos para funcionar en un amplio intervalo de temperatura. El rectificador esta, formado por un puente de 6 o 9 diodos de silicio, puede ir montado directamente en la carcasa lado anillos rozantes o en un soporte (placa) en forma de "herradura", conexionados a cada una de las fases del estator, formando un puente rectificador, obteniéndose a la salida del mismo una tensión de corriente continua. Los diodos se montan en esta placa de manera que tres de ellos quedan conectados a masa por uno de sus lados y los otros tres al borne de salida de corriente del alternador, también por uno de sus lados. El lado libre de los seis queda conectado a los extremos de las fases de las bobinas del estator. Los alternadores, con equipo rectificador de 9 diodos (nano diodo), incorporan tres diodos más al puente rectificador normal, utilizándose esta conexión auxiliar para el control de la luz indicadora de carga y para la alimentación del circuito de excitación. El calentamiento de los diodos está limitado y, por ello, debe evacuarse el calor de las zonas donde se alojan, tanto los de potencia como los de excitación. Con este fin se montan los diodos sobre cuerpos de refrigeración, que por su gran superficie y buena conductividad térmica son capaces de evacuar rápidamente el calor a la corriente de aire refrigerante. En algunos casos, para mejorar esta función, están provistos de aletas. La fijación de la placa porta diodos a la carcasa del alternador se realiza con interposición de casquillos aislantes. No vamos a entrar en el modo de funcionamiento de los diodos simplemente decir que un diodo se comporta idealmente como una válvula anti retorno en un circuito neumático e hidráulico, según como están polarizados los diodos en sus extremos deja pasar la corriente eléctrica o no la deja pasar. Los diodos utilizados en el automóvil pueden ser de dos tipos: de "ánodo común" son los que tienen conectado el ánodo a la parte metálica que los sujeta (la herradura que hemos visto antes) y que está conectada a masa. De "cátodo común" son los diodos que tienen el cátodo unido a la parte metálica que los sujeta (masa). El diodo rectificador hace que se supriman las semiondas negativas y solo se dejan pasar las semiondas positivas de forma que se genere una corriente continua pulsatoria. A fin de aprovechar para la rectificación todas las semiondas, incluso las negativas suprimidas, se aplica una rectificación doble o de onda completa. Para aprovechar tanto las semiondas positivas como las negativas de cada fase (rectificación de onda completa), se dispone de dos diodos para cada fase, uno en el lado positivo y otro en el negativo, siendo necesarios en total seis diodos de potencia en un alternador trifásico. Las semiondas positivas pasan por los diodos del lado positivo y las semiondas negativas por los diodos del lado negativo, quedando así rectificadas. La rectificación completa con el puente de diodos origina la suma de las envolventes positivas y negativas de estas semiondas, por lo que se obtiene del alternador una tensión levemente ondulada.

Carcasa lado de anillos rozantes

Es una pieza de aluminio obtenida por fundición (se ve en la figura del despiece del alternador de arriba), donde se monta el porta escobillas, fijado a ella por tornillos. De esta misma carcasa salen los bornes de conexión del alternador y en su interior se aloja el cojinete que sirve de apoyo al extremo del eje del rotor. En su cara frontal hay practicadas unos orificios, que dan salida o entrada a la corriente de aire provocada por el ventilador.

Carcasa lado de accionamiento

Al igual que la otra carcasa es de aluminio fundido, y en su interior se aloja el otro cojinete de apoyo del eje del rotor. En su periferia lleva unas bridas para la sujeción del alternador al motor del vehículo y el tensado de la correa de arrastre. En su cara frontal, lleva practicados también unos orificios para el paso de la corriente de aire provocada por el ventilador. Las dos carcasas aprisionan el estator y se unen por medio de tornillos, quedando en su interior alojado el estator y el rotor, así como el puente rectificador.

Ventilador

Los componentes del alternador experimentan un considerable aumento de la temperatura debido, sobre todo, a las pérdidas de calor del alternador y a la entrada de calor procedente del compartimento motor. La temperatura máxima admisible es de 80 a 100ºC, según el tipo de alternador. La forma de refrigeración más utilizada es la que coge el aire de su entorno y la hace pasar por el interior del alternador por medio de ventiladores de giro radial en uno o ambos sentidos. Debido a que los ventiladores son accionados junto con el eje del alternador, al aumentar la velocidad de rotación se incrementa también la proporción de aire fresco. Así se garantiza la refrigeración para cada estado de carga. En diversos tipos de alternadores, las paletas del ventilador se disponen asimétricamente. De esta forma se evitan los silbidos por efecto sirena que pueden producirse a determinadas velocidades.

Ventilador de un solo flujo

Los alternadores que montan un ventilador en el lado de la carcasa de accionamiento se refrigeran mediante una ventilación interior. El aire entra por el lado de la carcasa de anillos rozantes, refrigerando el puente de diodos, el rotor, el estator, para después salir por la carcasa del lado de accionamiento. Por lo tanto el aire refrigerante es aspirado por el ventilador a través del alternador.

Ventilador interior de doble flujo

Los alternadores que montan este sistema de refrigeración llevan dos ventiladores en su interior en su eje a ambos lados del rotor.

Ambos flujos de aire entran axialmente por aberturas de la carcasa de accionamiento y la carcasa de anillos rozantes. Los flujos de aire son aspirados por ambos ventiladores y salen radialmente por las aberturas del contorno de la carcasa. La ventaja esencial de la configuración es la posibilidad de utilizar ventiladores más pequeños, rediciendo así el ruido aerodinámico generado por los ventiladores. Una variante de alternadores en lo que se refiere a su refrigeración, es el que utiliza aire fresco procedente del exterior del compartimento motor. A través de un tubo flexible se aspira aire fresco y con poco polvo. El aire entra por la boca de aspiración, pasa por el interior del alternador y sale por las aberturas de la tapa del lado de accionamiento. En este caso también el aire refrigerante es aspirado por el ventilador a través del alternador. La aspiración de aire fresco es especialmente conveniente cuando la temperatura en el compartimento motor supera el valor límite de 80 ºC, y en los alternadores de gran potencia.

Circuito de excitación del alternador

El alternador para generar electricidad además del movimiento que recibe del motor de combustión, necesita de una corriente eléctrica (corriente de excitación) que en un principio, antes de arrancar el motor, debe tomarla de la batería a través de un circuito eléctrico que se llama "circuito de pre excitación". Una vez que arranca el motor, la corriente de excitación el alternador la toma de la propia corriente que genera es decir se auto excita a través de un "circuito de excitación". El circuito de pre excitación que es externo al alternador lo forman la batería, el interruptor de la llave de contacto y la lámpara de control. Este circuito es imprescindible porque el alternador no puede crear por si solo (durante el arranque y a bajas revoluciones del motor) campo magnético suficiente en el rotor el cual induce a su vez en el estator la tensión de salida del alternador que es proporcional a la velocidad de giro. Una vez que el motor de combustión está en marcha y el alternador alcanza una tensión superior a la que suministra la batería entonces la lámpara de control (L) se apaga. El alternador ya no necesita del circuito de pre excitación ahora se vale por sí mismo (autoexcitación) y utiliza la propia tensión que genera.

Generador de inducción

Un generador de inducción o generador asíncrono es un tipo de generador eléctrico de CA que utiliza los principios de los motores de inducción para producir energía. Los generadores de inducción funcionan girando mecánicamente su rotor más rápido que la velocidad de sincronismo, dando deslizamiento negativo. Un motor asíncrono de corriente normal por lo general se puede utilizar como un generador, sin ninguna modificación interna. Los generadores de inducción son útiles en aplicaciones tales como plantas Mini hidráulica energía, turbinas de viento, o en la reducción de las corrientes de gas de alta presión a una presión más baja, debido a que pueden recuperar la energía con controles relativamente simples. Para hacer funcionar un generador de inducción debe ser excitado con un voltaje líder, esto se hace normalmente mediante la conexión a una red eléctrica, o, a veces son auto excitado mediante el uso de condensadores de corrección de fase.

Excitación

Un generador eléctrico o un motor eléctrico que utiliza bobinas de campo en lugar de imanes permanentes, requiere una corriente a estar presentes en las bobinas de campo para que el dispositivo sea capaz de trabajar. Si las bobinas de campo no están alimentadas, el rotor en un generador puede girar sin producir ningún tipo de energía eléctrica utilizable, mientras que el rotor de un motor no puede girar en absoluto. Generadores más pequeños a veces se auto-excitado, lo que significa que las bobinas de campo son alimentados por la corriente producida por el propio generador. Las bobinas de campo se conectan en serie o en paralelo con el devanado del inducido. Cuando el generador comienza primero a girar, la pequeña cantidad de magnetismo remanente presente en el núcleo de hierro proporciona un campo magnético para ponerlo en marcha, la generación de una pequeña corriente en el inducido. Esto fluye a través de las bobinas de campo, la creación de un campo magnético mayor que genera una corriente de armadura más grande. Este proceso de "arranque" continúa hasta que el campo magnético en los niveles básicos fuera debido a la saturación y el generador alcanza una potencia de salida de estado estacionario. Muy grandes generadores de la central eléctrica a menudo utilizan un generador independiente más pequeño para excitar las bobinas de campo de la más grande. En el caso de un grave apagón generalizado en islanding de las centrales se ha producido, las estaciones pueden necesitar para llevar a cabo un arranque en negro para excitar a los campos de los mayores generadores, a fin de poder restablecer el servicio al cliente.

Generador electrostático

Un generador electrostático, o una máquina electrostática, es un dispositivo mecánico que produce electricidad estática, o electricidad de alto voltaje y baja corriente continua. El conocimiento de la electricidad estática se remonta a las primeras civilizaciones, pero durante miles de años se mantuvo sólo un fenómeno interesante y desconcertante, sin una teoría para explicar su comportamiento y, a menudo confundido con el magnetismo. A finales del siglo 17, los investigadores habían desarrollado los medios prácticos para la generación de electricidad por fricción, pero el desarrollo de máquinas electrostáticas no comenzó en serio hasta el siglo 18, cuando se convirtieron en los instrumentos fundamentales en los estudios acerca de la nueva ciencia de la electricidad. Generadores electrostáticos funcionan mediante el uso de energía manual para transformar el trabajo mecánico en energía eléctrica. Generadores electrostáticos desarrollan cargas electroestáticas de signos opuestos prestados a dos conductores, usando solamente fuerzas eléctricas y trabajo mediante el uso de placas en movimiento, tambores o cintas para llevar carga eléctrica con un alto potencial de electrodo. La carga es generada por uno de dos métodos: o bien el efecto de inducción electrostática o triboeléctrica.

Generadores montados en vehículos

Los primeros vehículos de motor hasta alrededor de la década de 1960 tendían a usar generadores de corriente continua con los reguladores electromecánicos. Estos han sido reemplazados por los alternadores con circuitos de rectificador incorporado en, que son menos costosos y más ligero para la salida equivalente. Por otra parte, la potencia de salida de un generador de corriente continua es proporcional a la velocidad de rotación, mientras que la potencia de salida de un alternador es independiente de la velocidad de rotación. Como resultado, la salida de carga de un alternador a la velocidad de ralentí del motor puede ser mucho mayor que la de un generador de corriente continua. Alternadores automotrices alimentar los sistemas eléctricos del vehículo y de recargar la batería después de comenzar. Nominal de salida estará típicamente en el rango de 50-100 A a 12 V, dependiendo de la carga eléctrica diseñada dentro del vehículo. Algunos coches tienen ahora la ayuda del timón eléctrico y aire acondicionado, lo que supone una gran carga en el sistema eléctrico. Vehículos comerciales grandes son más propensos a utilizar 24 V para dar suficiente potencia en el motor de arranque para entregar un motor diésel de gran tamaño. Alternadores de vehículos no utilizan imanes permanentes y son por lo general sólo el 50-60% de eficiencia en un amplio rango de velocidades. Alternadores motos menudo utilizan estatores de imanes permanentes hechos con imanes de tierras raras, ya que pueden ser más pequeños y ligeros que otros tipos. Véase también el vehículo híbrido. Un magneto, como una dinamo, utiliza imanes permanentes, pero genera corriente alterna como un alternador. Debido a la intensidad de campo limitado de imanes permanentes, magnetos, no se utilizan para aplicaciones de producción de alta potencia, pero son muy fiables. Esta fiabilidad es parte de eso que se utilizan en los motores de pistón de aviación. Algunos de los generadores más pequeños encuentran comúnmente luces de la bicicleta de energía. Llamado una dínamo botella que estos tienden a ser de 0,5 amperios, alternadores de imanes permanentes que suministran 3-6 W a 6 V o 12 V. Al estar impulsado por el piloto, la eficiencia es un bien escaso, por lo que estos pueden incorporar imanes de tierras raras y están diseñados y fabricados con gran precisión. La eficiencia máxima es de alrededor de 80% para los mejores de estos generadores-60% es más típica-debido en parte a la fricción de balanceo en la interfaz neumático-generador, la alineación imperfecta, el pequeño tamaño del generador, y las pérdidas de cojinete. Diseños más baratos tienden a ser menos eficientes. Debido a la utilización de imanes permanentes, la eficiencia cae a altas velocidades debido a la fuerza del campo magnético no puede ser controlado de cualquier manera. Eje dínamos remedio muchos de estos defectos, ya que son internos al cubo de la bicicleta y no requieren una interfaz entre el generador y el neumático. El creciente uso de luces LED, más eficientes que las bombillas incandescentes, reduce la energía necesaria para la iluminación del ciclo. Veleros pueden usar un generador de agua o de energía eólica a llegar a cargar las pilas. Una pequeña hélice, turbina eólica o turbina está conectada a un alternador de baja potencia y el rectificador para suministrar corrientes de hasta 12 A velocidades de crucero típicas. Aún generadores más pequeños se utilizan en aplicaciones de micro centrales. El alternador es un elemento primordial en el vehículo, ya que se utiliza para almacenar corriente. El alternador transforma la energía mecánica a energía eléctrica. El rotor es el encargado de generar el campo magnético, el cual provoca en el embobinado la corriente eléctrica. La dinamo fue utilizada por mucho tiempo, y se fue perfeccionando, hasta que llego el alternador que es mucho más eficiente. La dinamo compound es de mejor ayuda que la dinamo shunt y la dinamo en serie, ya que este hace el trabajo más rápido y a mejores revoluciones. El generador compound no puede utilizarse para cargar baterías de acumuladores. Si la contra tensión de la baterías mayor que la tensión en bornes del generador. La corriente en el circuito tiene el sentido indicado por la flecha de puntos. La inclusión del alternador en el equipo eléctrico de los automóviles ha venido impuesta por la necesidad, cada vez mayor, de disponer de un generador capaz de alimentar los servicios y cargar la batería a bajas velocidades del motor e incluso cuando éste se encuentra al ralentí. Sus características más importantes son: -Un menor peso o volumen para la misma potencia (comparando con una dinamo).

-Carga de la batería con el vehículo en ralentí.

-Plazos de mantenimiento muy largos o bien ausencia de los mismos.

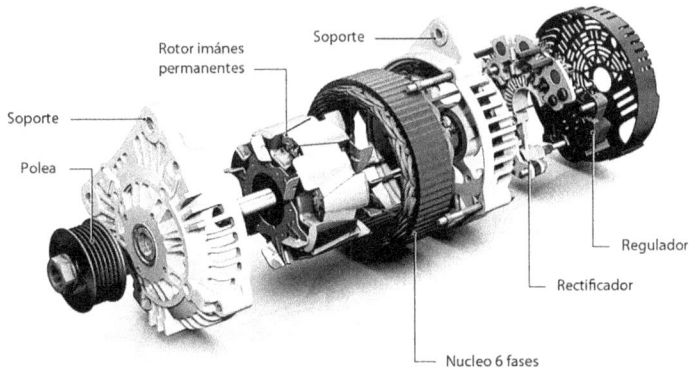

Despiece de un Alternador

Rectificar la corriente alterna

La existencia de una batería de corriente continua en el vehículo y la necesidad de recargarlo hace que tengamos que disponer de un generador de corriente continua. En la dinamo la rectificación de la corriente alterna se realizaba de forma mecánica mediante el colector y las escobillas. En el alternador esta rectificación se consigue mediante los diodos o semiconductores, incluidos en el propio regulador.

Diodos rectificadores

Los diodos tienen la misión de rectificar la corriente alterna obtenida en el estator, por su propiedad de dejar circular la corriente eléctrica en un solo sentido.

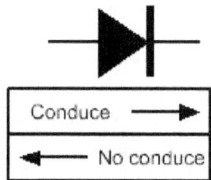

Símbolo y sentido de la corriente de un Diodo rectificador

Proceso de funcionamiento del Alternador

La generación de corriente del alternador se produce del siguiente modo:

-Creación de un campo magnético. (Rotor).

-Creación de la corriente inducida, alterna. (Estator).

-Rectificado de esta corriente alterna en corriente continua.

-Puesta en circuito con el exterior.

-El rotor montado dentro del estator, gira accionado por la correa trapezoidal que transmite el movimiento desde el cigüeñal.

-La bobina de rotor (inductora) toma corriente a través del regulador y de las escobillas que se apoyan en los anillos rozantes.

-La bobina inductora crea un campo magnético que, al girar, induce en los arrollamientos del inducido (estator) una corriente alterna trifásica.

-El puente de rectificadores transforma la corriente alterna en continua.

El puente rectificador, compuesto por varios (6 ó 9) diodos de silicio conectados a cada una de las fases del estator, tiene por misión permitir el paso de corriente en un sentido, pero no en el otro, es decir, deja pasar la corriente en el sentido del alternador a la batería pero no en el sentido contrario.

Regulación

En la carga de un alternador, se observa que a partir de un determinado régimen de revoluciones, la intensidad de carga es independiente a la velocidad de rotación, quedando prácticamente constante. Esto permite suprimir en el regulador el elemento de limitación de intensidad. Debido a la propiedad de los diodos, de únicamente dejar pasar la corriente en un sentido, es posible suprimir el disyuntor. El alternador puede funcionar mucho más tiempo sin intervención alguna, sobre todo si el rotor va montado sobre rodamientos en cada uno de sus extremos. Los anillos de frotamiento de las escobillas se usan muy poco y las escobillas tienen una duración bastante importante ya que sólo soportan de 2 a 3 amperios, contra 30 ó 35 que deben de soportar las escobillas de una dínamo.

Regulador de tensión

Las variaciones de tensión producidas en el alternador por efecto de los cambios de velocidades, son controladas por el regulador de tensión, que actúa sobre la corriente de "excitación" que llega al motor (cantidad de corriente en la bobina inductora). En la se representa el circuito de carga con el conexionado entre los elementos que lo integran:

-Batería.

-Alternador.

-Llave de contacto.

-Regulador de tensión.

-Sus correspondientes conexiones.

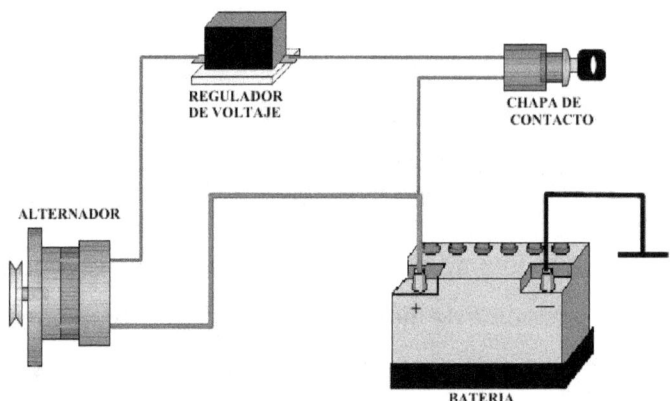

Circuito generación de carga del Alternador

Existen varios tipos de reguladores de tensión: transistorizados y electrónicos, siendo estos últimos los más utilizados en la actualidad, estando situado dentro del mismo alternador.

Sistema de puesta en marcha eléctrica

Motor de arranque

Para poner en marcha el motor de un automóvil (gasolina o gasoil), es preciso imprimirle un movimiento inicial de giro, para llenar los cilindros de mezcla y que se produzca la chispa en las bujías, es decir, conseguir las primeras explosiones. El movimiento inicial de arranque se hace por medio de un motor eléctrico, llamado "motor de arranque". Este motor eléctrico transforma la energía eléctrica en energía mecánica, con una reducción de velocidad que puede llegar hasta 1:15 (una vuelta del cigüeñal por quince del motor de arranque). Si el piñón del motor de arranque estuviera engranado constantemente con la corona del volante motor y teniendo en cuenta la reducción anteriormente indicada, al arrancar el motor térmico, el inducido del motor de arranque sería arrastrado a velocidades prohibitivas que producirían su destrucción. Por este motivo, es preciso que el engrane sólo se produzca en el momento de realizar el arranque, y que una vez puesto en marcha el motor térmico, el inducido no sea arrastrado por la corona. El esfuerzo que realiza el motor de arranque para poner en marcha el motor térmico, es particularmente elevado al iniciarse el movimiento, ya que, al encontrarse frío, su resistencia es considerable. La necesidad de que el motor de arranque sea capaz de producir este par motor y de conseguir arrastrar el motor térmico hasta que alcance una velocidad a la que pueda realizarse el arranque, determina la potencia del motor de arranque, así como la capacidad de la batería que ha de proporcionarle la corriente para su funcionamiento.

El circuito para alimentar el motor de arranque está formado por:

– Batería

– Motor de arranque

– Contacto de arranque

– Conductores de gran sección para el circuito de potencia

– Contactor. (Relé) + Solenoide.

– Conductores de menor sección para el circuito de mando

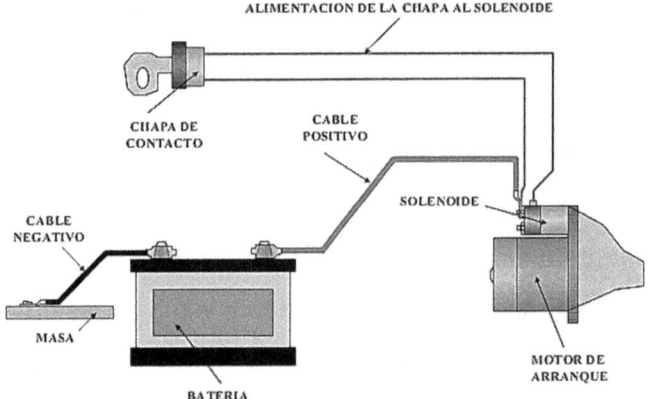

Funcionamiento

Se conecta el interruptor y se activa el relé por medio de su electroimán. Cierra los contactos principales del circuito, pasando una gran intensidad al interior del motor de arranque, que lo pondrá en funcionamiento. El conductor desconecta el interruptor se desactiva y se desconecta el interruptor principal del circuito, dejando de pasar corriente al motor de arranque.

Partes del motor de arranque

Consta de dos partes:

-Circuito eléctrico.

-Sistema de acoplamiento mecánico de piñón-corona.

Circuito eléctrico

-Relé o contactor

-Bobinas inductoras

-Inducido

-Escobillas

Sistema de acoplamiento mecánico:

-Piñón con rueda libre

-Palanca mando de relé

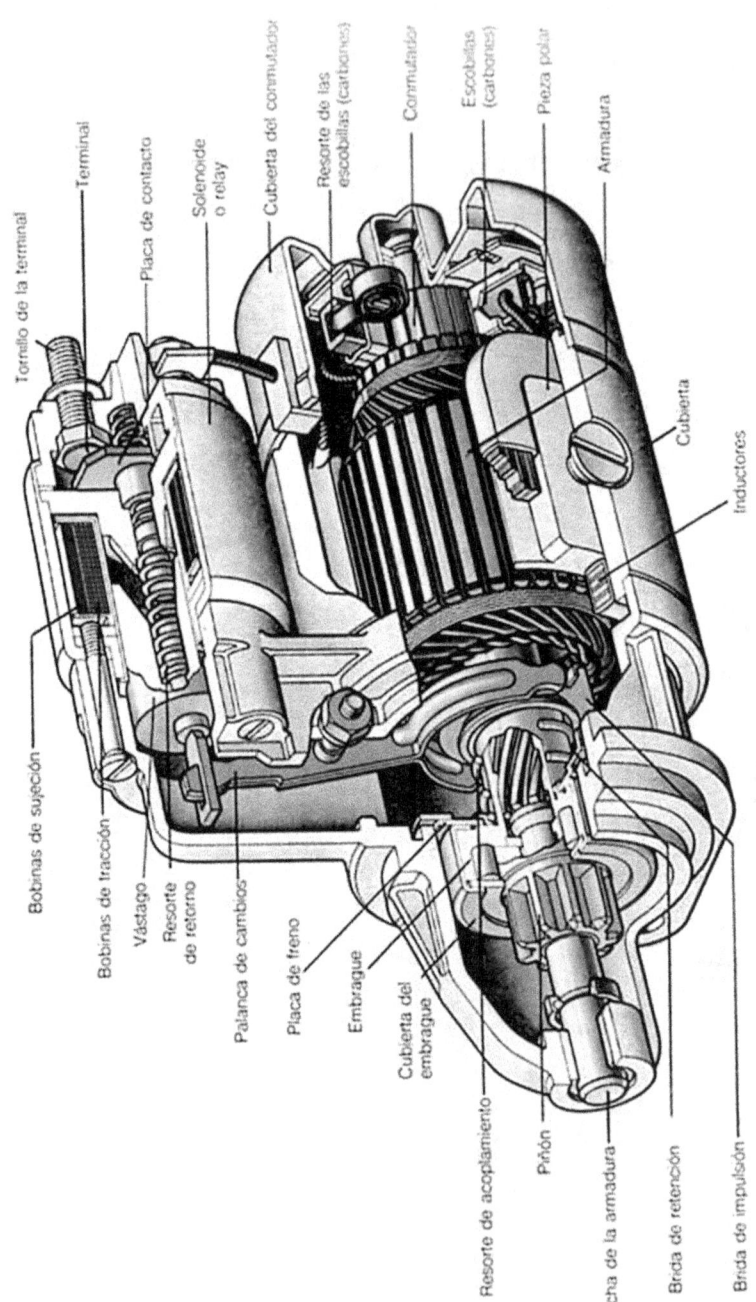

Tornillo de la terminal

Terminal

Placa de contacto

Solenoide o relay

Cubierta del conmutador

Resorte de las escobillas (carbones)

Conmutador

Escobillas (carbones)

Pieza polar

Armadura

Cubierta

Inductores

Bobinas de sujeción

Bobinas de tracción

Vástago

Resorte de retorno

Palanca de cambios

Placa de freno

Embrague

Cubierta del embrague

Resorte de acoplamiento

Piñón

Flecha de la armadura

Brida de retención

Brida de impulsión

Principio de funcionamiento del motor de arranque

Inducido y bobinas inductoras forman dos electroimanes con sus arrollamientos respectivos, que además van conectados en serie, pasando por los dos la misma corriente procedente de la batería, cuando el relé lo permite -Interruptor 0-. Esta corriente crea campos magnéticos del mismo signo en inductor e inducido, provocando la repulsión de ambos y giro del inducido que se transmite al sistema de engranaje (acoplamiento mecánico).

Sistemas de motores de arranque

Sistema de engranaje Bendix (engranaje por inercia)

Este sistema lo montan algunos modelos del tipo convencional y está formado por las siguientes piezas:

-El piñón propiamente dicho, con contrapeso

-Un casquillo que dispone de unas acanaladuras, rectas en su interior, para poder deslizarse axialmente por el eje del inducido, y de unas estrías helicoidales en su exterior para que por las mismas pueda deslizarse el piñón.

-Un muelle de compresión

-Un muelle de recuperación

Cuando el eje del motor de arranque comienza a girar, el piñón, debido a su contrapeso de inercia, se enrosca en el casquillo, desplazándose hasta engranar con el volante del motor térmico.

Al realizar el engranaje, el piñón que estaba girando en vacío, es frenado bruscamente por la resistencia que le opone la corona del motor. Para que este esfuerzo no se transmita a los demás órganos del motor de arranque, se dispone del muelle de compresión.

Una vez puesto en marcha el motor térmico, al girar el piñón más rápido (arrastrado por el volante) que el eje del motor de arranque, se produce la desconexión. El piñón se enrosca en el casquillo en sentido inverso al que siguió cuando se produjo el engrane.

El muelle de recuperación evita que, debido a la vibración, el piñón roce con la corona del volante.

Sistema de rueda libre

Al accionar el conmutador el interruptor de arranque, el arrollamiento del relé recibe corriente, creando un campo magnético que atrae el núcleo móvil. Este movimiento realiza dos funciones: el avance y engranaje del piñón en la corona del motor térmico y el cierre de los contactos principales del contactor con el siguiente paso de corriente al motor.

El funcionamiento del sistema de rueda libre del piñón es el siguiente: Una vez engranado el piñón en la corona del volante, el movimiento del inducido se transmite al conjunto piñón, que, por medio del enclavamiento de los rodillos pone en movimiento la corona del motor térmico.

-Cuando el arranque del motor térmico se ha producido, la corona del mismo, al aumentar la velocidad, arrastraría al inducido a velocidades excesivas que ocasionarían su destrucción. Efecto que se anula al entrar en funcionamiento el sistema de rueda libre, que consiste en desenclavar los rodillos.

Sistema de iluminación

El sistema de alumbrado en los vehículos está compuesto por una serie de luces adosadas al mismo, y, su aplicación está regulada por la Ley de Tráfico, Circulación de Vehículos a Motor y Seguridad Vial, cuya misión es ver, ser visto y advertir de las maniobras. En este capítulo, se estudia cada uno de los elementos que forman los diferentes circuitos de alumbrado y éstos son:

- Faros (proyectores y ópticas).
- Lámparas.
- Circuitos eléctricos.
- Elementos de mando, control y protección.

Faros

Los faros están formados interiormente por una parábola cóncava con alojamiento para la lámpara y una lente óptica convergente.

Está recubierta por su exterior por un procedimiento anticorrosivo y en su interior lleva una capa aluminizada con un brillo de espejo, para que reflejen los rayos recibidos del foco luminoso y así proyectarlos. La parábola está cerrada por un cristal (óptico) tallado con prismas que cumple la doble misión de proteger el interior del polvo y de la suciedad, y a la vez conseguir la orientación en el haz luminoso, haciendo bajar hacia el pavimento y en sentido horizontal para iluminar el ancho del pavimento.

Existen dos tipos de faros:

- Faros abiertos o corrientes

El cristal y la parábola forman una sola unidad y la lámpara es independiente. En la actualidad es el sistema más empleado.

En la 8 pueden observarse las lámparas para carretera y cruce y para posición.

- Faros cerrados o sellados

Todos los elementos forman una sola unidad. Está herméticamente cerrado y en su interior se ha realizado el vacío, para después rellenarlo de un gas inerte o halógeno. Su reposición es cara y al fundirse el filamento es necesario sustituir todo el proyector. En la actualidad su empleo está muy limitado.

El haz luminoso proyectado, puede ser:

A – Divergente.

B – Paralelo.

C – Convergente.

La luz de cruce es convergente y la de carretera paralela.

En la luz de cruce se coloca un dispositivo debajo del filamento de la lámpara, para evitar el envío de rayos luminosos a la parte inferior de la parábola, y permitiendo que se produzca un haz de rayos desde la parte superior de la parábola hacia el pavimento.

La luz de carretera o alumbrado intensivo está prevista para que alumbre una distancia mínima de 100 m, por lo que el haz luminoso es paralelo y la de cruce 40 m, como mínimo. Los faros pueden ser circulares o bien rectangulares adaptándose a la línea de la carrocería. En los últimos modelos, los faros delanteros son rectangulares generalmente y las ópticas se integran en las líneas de la carrocería. El diseño de los mismos mejora la distribución de

114

la luz, particularmente en la posición de cruce y reduce asimismo el riesgo de daños en caso de colisión. El aspecto aerodinámico también se ve favorecido. Los limpiafaros constituyen una de las innovaciones introducidas para mejorar la seguridad vial. Los limpiafaros son activados cuando se utiliza el lavaparabrisas.

Reglaje del alumbrado de carretera o cruce

Para que la iluminación conseguida con los faros sea lo más perfecta posible, tanto en intensidad como en amplitud y distancia, y con una orientación adecuada para evitar molestias a otros usuarios de la carretera, se precisa que los faros estén perfectamente reglados. La sujeción de los faros permite variar su posición en todos los sentidos y con ello el poder orientar la dirección del haz de rayos luminosos correctamente.

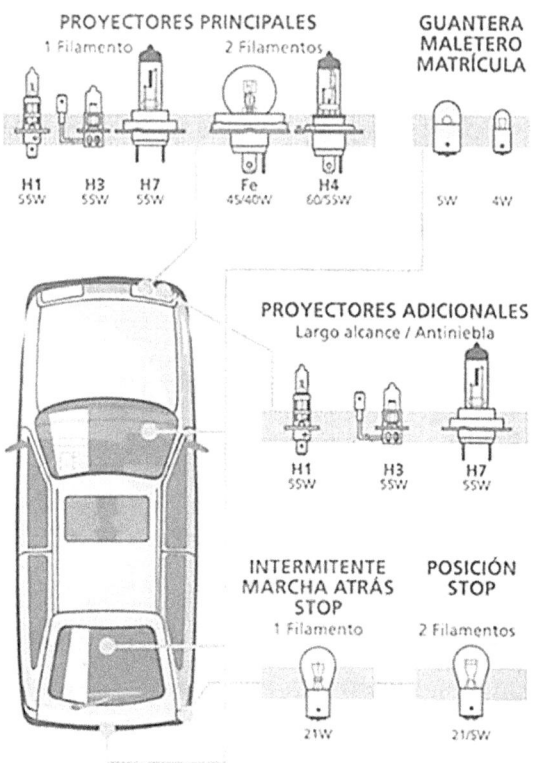

En la actualidad, el reglaje de faros se realiza por medio de un aparato, que aproximándolo al vehículo, proyecta sobre una pantalla el haz luminoso, permitiendo el reglaje de faros según que el haz esté localizado o no lo esté, dentro de la zona de referencia que lleva dicho aparato. También permite regular la intensidad luminosa. Esta operación se debe llevar a cabo en los talleres especializados. Los faros delanteros pueden ajustarse fácilmente desde el interior del compartimento del motor por medio de dos pomos, sin necesidad de herramientas o bien, desde el interior del vehículo, con un mando dispuesto para ello.

Pilotos

Son soportes que se insertan en la carrocería. Este soporte lleva incorporado un portalámpara tipo bayoneta, con uno o dos polos y una o dos lámparas, siempre cubierto por un elemento óptico de distinto colorido según su función y de acuerdo con la normativa vigente. Estos pilotos no son para iluminar, sino para ser vistos, de ahí que se empleen lámparas con la potencia suficiente para ser vista la posición y la maniobra que realice en cada momento el vehículo. Generalmente, en la parte posterior del vehículo se montan grupos ópticos traseros amplios, muy visibles y envolventes con luz de niebla, marcha atrás, intermitentes, posición y frenado.

Lámparas

Las lámparas son los elementos que tienen la misión de transformar la energía eléctrica en energía luminosa. Todas se basan en un principio para su funcionamiento: al introducir un filamento de tungsteno en una ampolla de vidrio en la que se ha realizado el vacío y llenado con un gas inerte (argón o nitrógeno), si se conectan los extremos del filamento a una corriente eléctrica, el filamento se pondrá incandescente emitiendo un flujo luminoso en todas las direcciones, que utilizaremos mediante los faros.

Las lámparas llevan grabadas, en su casquillo, su potencia y la tensión nominal de funcionamiento. Los casquillos son los elementos que llevan las lámparas para fijarlas al portalámparas. Suelen ser del tipo bayoneta, que engarzan en dos ranuras del portalámparas y mediante un pequeño giro quedan fijas a él. Un resorte las oprime para evitar su caída y asegurar el contacto.

Lámparas halógenas

Estas lámparas constan de un filamento que va introducido en una ampolla llena de gas halógeno, generalmente yodo.

Las altas temperaturas que se producen hacen que el cristal deba sustituirse por uno de cuarzo, mucho más resistente. El cristal no se debe tocar nunca con la mano, pues las sales que acompañan al sudor, pueden alterar el proceso químico y estropear la lámpara. La potencia de esta lámpara es aproximadamente de 60 vatios. En el casquillo se indican las características de la lámpara, por ejemplo: desde la H-1 a la H-3 son lámparas de un filamento y la H-4 hace referencia a dos filamentos. El casquillo, en este caso, lleva tres terminales uno para la masa común y los otros dos, uno para largo alcance (carretera) y otro para corto alcance (cruce).

Conductores eléctricos

Son utilizados para las instalaciones de los circuitos eléctricos. Están compuestos por un núcleo de finos hilos de cobre enrollados en hélice con objeto de dar mayor flexibilidad al conductor y recubiertos de un material aislante plástico. Su utilización, dentro del circuito eléctrico, está basada en un código de colores, siendo lo más característicos el azul y el negro para masa, y el rojo y el amarillo para los que llevan corriente. Para grandes intensidades (amperios) tendrán mucha sección metálica y para grandes tensiones (voltajes) tendrán mucho aislamiento.

Circuitos auxiliares de alumbrado

Circuito de intermitencia

Su función es indicar a los demás conductores nuestras intenciones relativas a posibles maniobras. Consta de un conmutador o interruptor situado en el salpicadero, sobre el que actúa el conductor para conectar los indicadores de dirección del lado derecho o del izquierdo.

La corriente llega hasta las lámparas a través de la denominada caja de intermitencias. Si una lámpara se funde se acelera la frecuencia de la intermitencia, lo que sirve para que el conductor detecte la avería. Un testigo situado en el salpicadero indica cuando están conectados. La frecuencia o cadencia de las cajas de intermitencias son de 60 a 120 pulsaciones por minuto.

Circuito de luces de freno

La misión de este circuito es indicar cuando el conductor está actuando sobre el freno de manera que los demás conductores puedan prever la inmediata reducción de la velocidad del vehículo. Se compone de una o dos luces situada en la parte posterior del vehículo y cuya intensidad es superior a la de las luces de posición. La corriente obtenida de la batería llega a través de un interruptor , situado en el pedal de freno que cierra el circuito cuando éste se acciona.

Circuito de luces de marcha atrás

Consta de una o dos luces de color blanco, situadas en la parte posterior del vehículo y que se iluminan mediante un conmutador situado en la caja de cambios que cierra el circuito al insertarse la marcha atrás.

Circuito de luces antiniebla

Se trata de un circuito auxiliar y se compone de dos faros delanteros de color blanco o amarillo selectivo y uno ó dos posteriores de color rojo.

Las luces traseras son de una intensidad equivalente a las de freno y su misión es la de complementar la iluminación bajo condiciones adversas (niebla, nieve, polvo o lluvia intensa).

Los interruptores son independientes y están situados en el salpicadero, permitiendo accionar las luces delanteras o traseras independientemente.

Un testigo luminoso se encarga de indicar al conductor si están conectados.

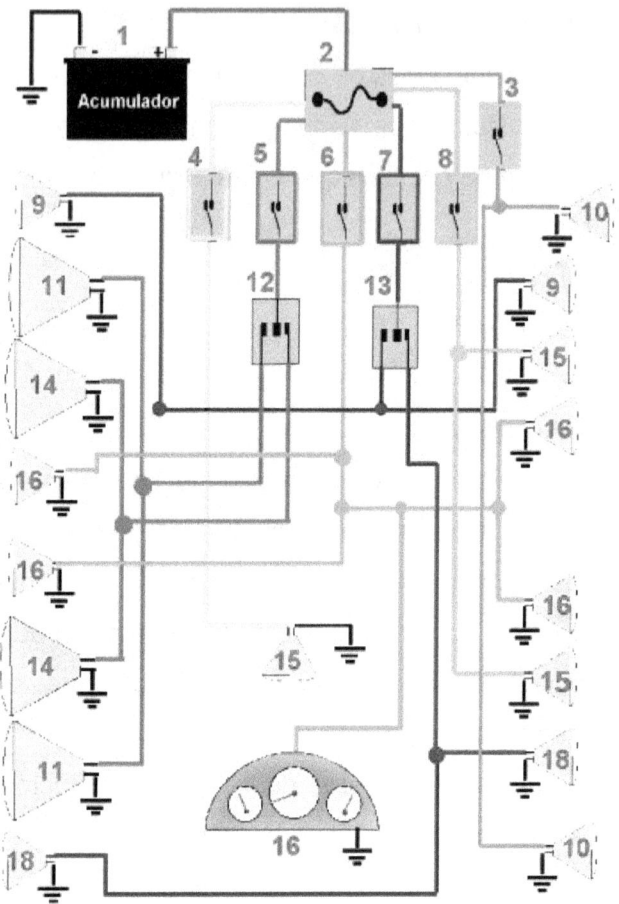

1.-Acumulador
2.-Caja de fusibles
3.-Interruptor de luces de reversa
4.-interruptor de luz de cabina
5.-Interruptor de luz de carretera
6.-Interruptor de luces de ciudad
7.-interruptor de Luces de vía a la derecha
8.-Interruptor de luz de frenos
9.-Luces de vía 10.-Luces de reversa
11.-Luces altas de carretera
12.-Permutador de luces de carretera
13.-Interruptor de luces de vía
14.-Luces bajas de carretera
15.-Luces de frenos
16.-Luces de ciudad y tablero de instrumentos
18.-Luces de vía a la izquierda.

Otros circuitos auxiliares

El sistema eléctrico dispone de múltiple circuitos auxiliares que se encargan de activar los distintos servicios alimentados por la batería. Los más importantes son:

- Circuito del limpiaparabrisas. Alimenta un motor eléctrico que se encarga de transmitir el movimiento a las escobillas del parabrisas.
- Circuito de climatización. Su misión es dotar de corriente a los distintos sistemas de ventilación interior. Principalmente da corriente al motor del ventilador interior.
- Circuito de iluminación del cuadro de instrumento. Va conectado al circuito de iluminación principal y se acciona simultáneamente con éste, al encender las luces de posición.

Fusibles

Para evitar que un aumento anormal de la intensidad de la corriente pueda perjudicar los distintos elementos o aparatos eléctricos del automóvil, se utilizan los "fusibles", que son cables que se intercalan al principio de los distintos circuitos eléctricos del automóvil, son de menor resistencia que la del cable del circuito a proteger y se funden cuando por cualquier circunstancia se produce un aumento de la intensidad de la corriente, por ejemplo, un cortocircuito. Los fusibles necesarios en la instalación eléctrica del automóvil, por lo general, van todos agrupados en una caja, llamada "caja de fusibles" y distribuidos de tal forma que cada uno atienda a un elemento determinado o a elementos asimétricos .

Antes de sustituir un fusible fundido es necesario buscar y eliminar la anomalía que ha provocado su fusión a fin de evitar que se repita la avería, y colocar otro de la misma intensidad y del mismo tipo: (cilíndricos o planos).

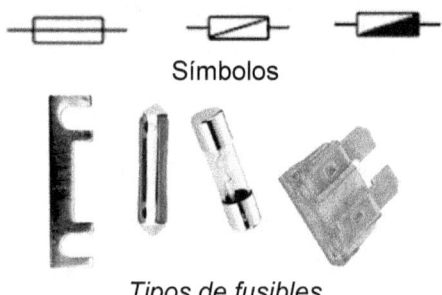

Símbolos

Tipos de fusibles

Complementos eléctricos

Lo integran los circuitos de control y mando. Éstos proporcionan de forma constante y durante el funcionamiento del vehículo la información suficiente para controlar los distintos circuitos que actúan en cada momento y en algunos casos las anomalías que se puedan presentar.

Circuitos de control

– Indicador.

Circuitos de mando

– Mando climatizador.

– Mando luna trasera térmica.

– Mando luz niebla trasera.

– Mando luz niebla delantera.

– Mando luz emergencia.

– Mando interruptor luces.

– Mando frenos ABS.

– Mando climatizador.

Definición de los símbolos indicadores de anomalías

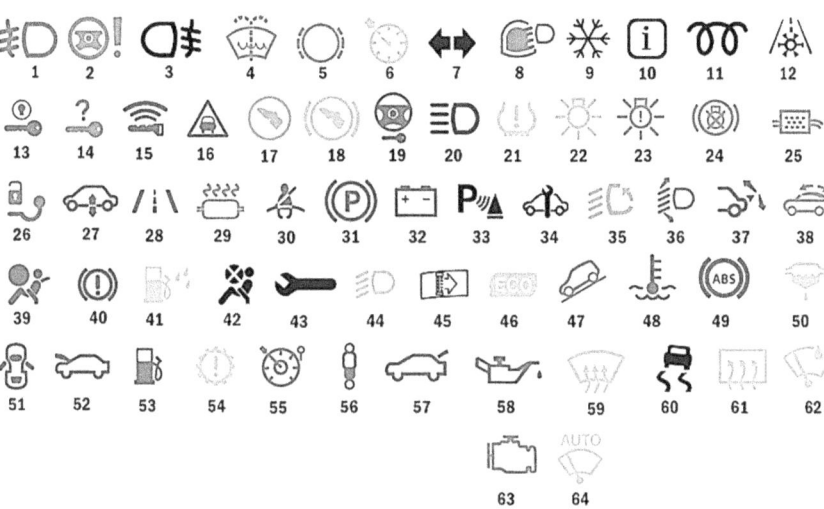

1- Neblineros.
2- Alerta de la dirección asistida (problemas eléctricos).
3- Neblineros traseros.
4- Lavaparabrisas bajo.
5- Alerta de las pastillas de freno.
6- Control crucero encendido.
7- Luces intermitentes.
8- Sensor de lluvia y luz.
9- Modo invierno (en autos automáticos, parte en 2a para mejorar tracción).
10- Recordatorio de mantención.
11- Bujía/precalentamiento en autos diésel.
12- Camino con hielo.
13- Falla en el contacto del auto.
14- La llave no está en el vehículo.
15- La llave de contacto tiene la pila baja.
16- Mantenga la distancia.
17- Pise el embrague.
18- Pise el freno.
19- Aviso de bloqueo de la dirección.
20- Luces altas.
21- Presión neumáticos baja.

22- Información de la luz lateral.
23- Falla de la luz exterior.
24- Luz de freno trasera en mal estado.
25- Filtro de partículas diésel.
26- Enganche de remolque malo.
27- Suspensión de aire.
28- Cambio de pista de vehículos cercanos.
29- Convertidor catalítico.
30- Cinturón de seguridad no abrochado.
31- Freno de estacionamiento.
32- Batería/alternador.
33- Asistente de estacionamiento.
34- Requiere mantención.
35- Focos adaptativos (movimiento horizontal).
36- Control alcance de focos (movimiento vertical).
37- Advertencia spoiler trasero (para spoilers automáticos).
38- Advertencia techo (convertibles).
39- Airbag.
40- Freno de mano.
41- Agua en el filtro de combustible.
42- Airbag desactivado.

43- Fallo en la motorización (motor, transmisión, etc).
44- Baja las luces si se enfrenta a otro auto.
45- Filtro de aire sucio.
46- Indicador manejo ecológico.
47- Control de descenso en pendiente.
48- Advertencia temperatura.
49- ABS.
50- Filtro de combustible defectuoso.
51- Puerta abierta.
52- Capó abierto.
53- Nivel de combustible bajo.
54- Problemas en la caja automática.
55- Limitador de velocidad.
56- Falla en amortiguadores/suspensión.
57- Maletero abierto.
58- Presión de aceite baja.
59- Desempañador parabrisas.
60- Control estabilidad desactivado.
61- Desempañador luneta trasera.
62- Sensor de lluvia.
63- Problemas en el motor o las emisiones de gas.
64- Limpiaparabrisas automático.

Cuadro de instrumentos

En todos los automóviles resulta necesario la presencia de ciertos instrumentos o señales de control en el tablero, al alcance de la vista, que permitan al conductor mantener la vigilancia de su funcionamiento con seguridad y cumpliendo con los reglamentos de tránsito vigentes. Aunque es variable el modo de operar y la cantidad de estos indicadores de un vehículo a otro en general pueden clasificarse en cuatro grupos:

- Instrumentos para el control de los índices de funcionamiento técnico del coche.
- Instrumentos para indicar los índices de circulación vial.
- Señales de alarma.
- Señales de alerta.

Instrumentos de control técnico

Indicador de la temperatura del refrigerante del motor

Este indicador es en esencia un termómetro y está presente en todos los automóviles cuyo motor tenga un sistema de refrigeración líquido y en algunos de enfriamiento por aire. Es común que sea un indicador de aguja con la escala graduada en grados de temperatura y en cuya esfera se han dibujado tres zonas coloreadas, la primera (amarilla), correspondiente al trabajo aun frío del motor, la segunda (verde) que representa la zona de temperatura de trabajo óptima, y la tercera (roja), para la zona de temperatura demasiado alta del motor. En algunos casos se usan pantallas del tipo digital, con valores de temperatura o con palabras claves indicadoras. En realidad lo que se mide es la temperatura del líquido refrigerante del motor en la culata y muy cerca del último cilindro, en este punto es donde el refrigerante ha alcanzado su mayor temperatura debido a que ha refrigerado todos los cilindros. Por tal motivo se coloca allí un sensor que envía al indicador del panel una señal eléctrica que es registrada por la aguja como un valor de temperatura. Casi todos los sistemas de medición de temperatura de los automóviles actuales usan como sensor un termistor, y como indicador, un instrumento que mide el valor de la resistencia del termistor con la escala graduada en grados de temperatura. Como el automóvil está constantemente sometido a aceleraciones y desaceleraciones, fuerzas laterales en las curvas y movimientos oscilatorios verticales con las irregularidades del camino, este indicador debe tener un mecanismo de movimiento de la aguja a prueba de estos perturbaciones, tales como el indicador de lámina bi-metálica o el galvanómetro de cuadros cruzados, de manera que este constante movimiento del coche no se transmita a la aguja indicadora, y así mostrar una indicación estable.

Indicador del nivel de combustible en el depósito

Para mantener el control en todo momento de la cantidad de combustible disponible en el depósito, la abrumadora mayoría de los automóviles tienen en el tablero de instrumentos un indicador de aguja o digital que lo hace. Aunque hay casos donde el indicador está directamente calibrado en unidades de volumen, litros o galones, lo más común es que este indicador muestre la cantidad relativa de combustible que queda en el tanque en relación con el depósito lleno. Está demostrado que es más fácil hacerse una idea de las reservas actuales con solo dar un vistazo a la aguja, mientras que si se calibra en unidades de volumen hay que hacer ciertos cálculos mentales para de todas formas concebirlo como medida relativa. La mayoría de los sistemas indicadores de nivel de combustible en los vehículos están formados por los elementos siguientes:

- Un sensor de nivel que da una salida proporcional al nivel del depósito.
- Un elemento indicador en el tablero que mide la magnitud de la salida del sensor y tiene su escala calibrada en valores de nivel.

Todos los combustibles utilizados en los motores de los vehículos son líquidos, como tales, forman olas dentro del depósito durante la circulación del coche debido a las aceleraciones y frenadas, así como al empuje lateral en las curvas. Estas olas hacen que sea difícil determinar el nivel del combustible real en un instante de tiempo cuando el coche circula, si no se dispone de un sistema adecuado, la aguja del indicador estaría constantemente moviéndose en la escala, y la determinación del nivel verdadero por el conductor sería muy imprecisa. Para minimizar este efecto los sistemas de medición de combustible usar ciertos artificios que casi eliminan el problema del cambio de nivel debido a las olas, entre ellos están:

- Utilización de tabiques divisorios rompe olas dentro del depósito.
- Colocación del sensor en la zona central del depósito donde el efecto de incremento del nivel por las olas es menor.

- Utilización de sensores de nivel con movimiento amortiguado o demorado para que no reaccionen con rapidez y no copien el perfil de las olas.
- Utilización de indicadores en el tablero de lenta respuesta.

El sensor

El cuerpo metálico del sensor está montado en la superficie del depósito y tiene un flotador en el extremo de una palanca giratoria cuya posición dependerá del nivel del líquido. El otro extremo de la palanca del flotador tiene un contacto deslizante sobre una resistencia eléctrica que se mueve en sincronización con él, de manera que la posición del contacto sobre la resistencia también dependerá del nivel del líquido en el depósito. Esta resistencia se conecta en serie con el indicador del tablero, de forma tal que el circuito se cierra a tierra por la vía resistencia => palanca de flotador => cuerpo del sensor => cuerpo del depósito. De todo esto se desprende que para cada valor del nivel en el depósito, corresponderá un valor de resistencia en serie con el indicador del tablero y por tanto una indicación de la aguja en la escala.

Indicador del nivel de carga del acumulador

Tradicionalmente lo que se usaba para mantener el control del sistema de carga de los acumuladores era un dispositivo que medía la corriente producida por el generador (amperímetro) de esta forma el conductor podía saber si el sistema generaba electricidad y no se corriera el riesgo de perder la carga en los acumuladores. Esto suponía la necesidad de llevar gruesos conductores hasta el tablero de instrumentos desde el generador y luego de vuelta a los acumuladores. Con la utilización cada vez más intensa del accionamiento y los dispositivos eléctricos en los automóviles, los generadores se fueron convirtiendo en verdaderas plantas eléctricas con más de 100 amperes de generación, lo que trajo como consecuencia, que el amperímetro fuera abandonado y en su lugar se comenzara a utilizar un voltímetro para indicar constantemente el voltaje de los acumuladores. Si nos atenemos al proceso de carga y descarga del acumulador de plomo, nos damos cuenta de que ellos mantienen el voltaje nominal durante todo el proceso de descarga y que cuando este valor descienda del nominal ya estará "muerto". Este comportamiento implica que el uso del voltímetro no nos servirá como un instrumento de diagnóstico preventivo que nos permita reparar una avería del sistema de carga a tiempo, ya que cuando la aguja marque un voltaje bajo, nuestro acumulador estará descargado y será tarde. No obstante como durante el proceso de carga el voltaje del acumulador sube, siempre que el motor esté funcionando y el generador produciendo electricidad, el voltaje indicado por el voltímetro debe estar por encima del valor de voltaje nominal del acumulador. Un conductor informado de ello, podrá entonces detectar la falta de generación si el indicador muestra el voltaje nominal aun con el motor funcionando y tomar las medidas de reparación adecuadas antes de perder todas las reservas. Para que el voltímetro pueda cumplir a cabalidad su objetivo, debe ser un instrumento muy sensible en la zona de 12 a 15 voltios que es la zona de voltaje donde se mueve el acumulador entre la carga y la descarga, sin ser perturbado por los cambios ambientales inconstantes (temperatura y humedad relativa) y de hecho se construyen de ese modo. Otra característica que deben cumplir los voltímetro de los vehículos es la de ser de respuesta lenta y aguja amortiguada para evitar su oscilación por los movimientos del automóvil sin perder exactitud.

Indicador de la presión del aceite del motor

Este indicador es en esencia un manómetro, de medición a distancia que está constantemente indicando en el tablero de instrumentos el valor de la presión de aceite en el conducto principal del motor. Este conducto recibe directamente el aceite de la bomba de lubricación y lo distribuye al resto del motor. Los fabricantes de automóviles usan diferentes modos para hacer la medición pero las dos más comunes son:

- Usando un manómetro de tubo de Bourdon en el tablero y un conducto delgado hasta el motor.
- Convirtiendo la señal de presión a un cambio de resistencia eléctrica y luego midiendo esta con un galvanómetro de cuadros cruzados o un indicador de lámina bimetálica.

Conversión de presión a resistencia eléctrica

Para esta función lo común es que se utilice un sensor provisto de un diafragma que se deforma en mayor o menor grado en dependencia de la presión que recibe, la deformación del diafragma mueve un contacto desplazable que se desliza sobre una resistencia eléctrica fija cambiando el valor de salida del sensor. Este dispositivo está conectado en serie con el instrumento indicador del tablero de instrumentos, de manera que el circuito se completa a tierra aquí, a través del cuerpo metálico del dispositivo y de la unión roscada al motor. La corriente procedente del indicador del tablero entra por el tornillo de conexión y se cierra a tierra por medio de la resistencia eléctrica. Cuando actúa la presión en el diafragma, este se deforma más o menos en dependencia de la presión, y mueve el contacto deslizante haciendo cambiar la resistencia total del aparato y con ello, la posición de la aguja en la escala del indicador. La presión de aceite en el conducto principal del motor oscila rápidamente alrededor de un valor promedio debido al bombeo pulsante de la bomba de lubricación, para que estas pulsaciones no se trasmitan a la aguja del indicador ni a los componentes del sistema, estos sensores tiene una comunicación muy estrecha entre la cámara del diafragma (azul) y el conducto de presión del motor. De esta forma las oscilaciones de la presión se amortiguan y el sensor funciona con el valor promedio de la presión. En algunos automóviles este indicador no existe y solo se usa una alarma luminosa, sonora o ambas en caso de que la presión de aceite descienda a un valor peligroso para el motor.

Indicador de la velocidad de giro del motor

El nombre de tacómetro se usa para el instrumento que mide la velocidad de rotación de un eje, en el caso del automóvil el tacómetro del panel de instrumentos mantiene una indicación permanente al conductor de la velocidad de rotación del cigüeñal del motor en revoluciones por minuto (RPM). Este instrumento no siempre acompaña al tablero de instrumentos y probablemente en la mayoría de los vehículos no esté presente debido a que su utilidad real como instrumento de control permanente no es mucha. De todas formas puede útil para el conductor inexperto al señalarle la zona donde la velocidad de rotación del motor puede ser dañina o incluso peligrosa para la integridad del motor, y para la regulación de su velocidad de ralentí sin necesidad del uso de un tacómetro externo. Como es un instrumento opcional en el automóvil, en el mercado hay muchas variedades de sistemas con tacómetro para instalar en el coche a gusto del conductor de manera adicional.

Indicador de la presión de los neumáticos

El Sistema de Monitoreo de la Presión de los Neumáticos (Tire Pressure Monitoring System o TPMS en Inglés) vigila la presión del aire dentro de los neumáticos en automóviles y camiones ligeros. Existen en la práctica dos métodos principales para detectar cambios de presión en los neumáticos: método directo y método indirecto. Cada vehículo equipado con el Sistema de Monitoreo de la Presión de los Neumáticos utiliza uno de los dos métodos. Éstos sistemas son solo de monitoreo; la presión en los neumáticos tiene que ser ajustada manualmente.

Instrumentos para el control vial

Normalmente son dos los indicadores:

- Indicador de la velocidad de circulación (velocímetro).
- Indicador de la distancia recorrida (odómetro).

En algunos casos, especialmente en las máquinas de la construcción y agrícolas el velocímetro no existe y el odómetro está sustituido por un contador de horas de trabajo.

Señales de alerta

Estas señales no representan necesariamente una alarma, pero alertan al conductor el estatus de operación de alguno de los sistemas que están bajo su responsabilidad, a fin de mantenerlo informado de ello, y pueda hacer las modificaciones adecuadas al caso. Pueden ser luminosas, sonoras o ambas al igual que las de alarma. Entre ellas están:

- Indicador luminoso de la luz de carretera encendida.
- Indicador de la posición de la palanca de cambios, especialmente en los automáticos.
- Indicador luminoso de la aplicación del freno de mano con el encendido conectado.
- Las puertas no están bien cerradas y el encendido conectado.
- No está colocado el cinturón de seguridad de los pasajeros y el encendido conectado.
- Las llaves están en el interruptor de encendido y la puerta del conductor está abierta.
- La creciente tendencia actual a la utilización microprocesadores electrónicos en los vehículos ha hecho que la responsabilidad de administrar los indicadores y las señales de alerta y alarma esté cada día más en manos de estos dispositivos, ellos reciben la señal del sensor, la procesan y toman las decisiones pertinentes.

Algunos símbolos más usuales

 **Función limitada de la dirección asistida electromecánica.** Acuda a un taller especializado.

 **CHECK ENGINE.** Problemas en el motor. Acuda a un taller lo más pronto posible.

 **Si se enciende:** sistema de precalentamiento conectado en motores diésel). Si parpadea: falla en la inyección y encendido del motor. Acuda a un taller.

 **Falla en la inyección y encendido del motor** (motores de gasolina). Acuda a un taller especializado.

 **Tapón del tanque** de combustible abierto.

 **Falla en una lámpara** de alumbrado exterior.

 **Presión insuficiente del aceite.** Detenga el motor y compruebe el nivel de aceite del motor. Nivel insuficiente de aceite. Compruebe el nivel de aceite del motor.

 **Falla en sistema pretensor del cinturón de seguridad.** Acuda a un taller especializado. Falla en el sistema de bolsa de aire. Acuda a un taller especializado.

 **Pastillas de frenos delanteros desgastadas.** Acuda a un taller especializado

 **Falla del sistema antibloqueo (ABS).** Acuda a un taller especializado.

 **Falla de la dirección asistida electromecánica.** No continuar la marcha. Acuda a un taller especializado.

 **Falla de la batería.** Acuda a un taller especializado.

 **Temperatura excesiva del líquido refrigerante o nivel insuficiente.** Deténgase y deje enfriar el motor. Compruebe el nivel del líquido refrigerante.

 **Presión insuficiente del aceite.** Detenga el motor y compruebe el nivel de aceite del motor.

 **Freno de mano puesto.** Si se enciende repentinamente: falla en el sistema de frenos o líquido de frenos insuficiente. Acuda a un taller especializado.

 **¡Abróchese el cinturón de seguridad!**

 **Puerta o puertas abiertas.** Asegúrese de que todas las puertas están completamente cerradas

 **Cajuela abierta.**

Otros elementos

Limpiaparabrisas. Los limpiaparabrisas llevan un motor eléctrico pequeño. Éste hace girar una corona que, por medio de un sistema de biela , convierte el movimiento de rotación del motor en el vaivén, preciso para que funcionen las escobillas. Además del interruptor correspondiente, en el tablero de mando, lleva otro unido a la corona. Cuando se desconecta el limpiaparabrisas, éste continúa funcionando hasta que llega a su posición de reposo.

Algunos tienen una segunda velocidad que se emplea con lluvia intensa o cuando se circula muy deprisa.

Motoreductor limpiaparabrisas

Bocinas eléctricas. El sonido se produce por la vibración de una membrana situada dentro de los campos magnéticos creados por la corriente de la batería.

Bocina o claxon

Sistema de aire acondicionado

Existen tres tipos de sistemas de aire acondicionado, pero su concepción y diseño son similares. Los componentes más comunes son el compresor, el condensador y el evaporador. El primero comprime el gas refrigerante a través del motor, mediante transmisión de correa. Posee un lado de alta presión y uno de baja. La entrada del compresor toma el gas refrigerante de la salida del evaporador y, en algunos casos, lo hace del acumulador para comprimirlo y enviarlo al condensador, donde ocurre la transferencia del calor absorbido dentro del vehículo. El condensador disipa el calor. Dentro, el gas refrigerante proveniente del compresor que se encuentra caliente, se enfría; durante el enfriamiendo el gas se condensa para convertirse en líquido a alta presión. El evaporador sirve para absorber tanto el calor como el exceso de humedad. Allí, el aire caliente pasa a través de aletas de aluminio unidas a tubos y el exceso de humedad se condensa en las mismas, donde el polvo que lleva el aire se adhiere a la superficie mojada de las aletas. Luego el agua se drena hacia el exterior.

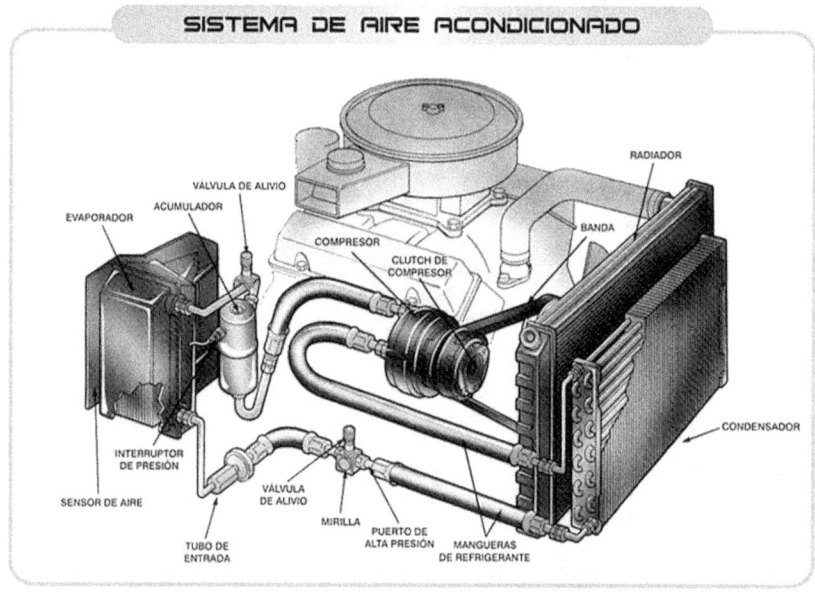

Ubicación del equipo de A.A. ensamblado al motor

Refrigeración del motor

Durante el funcionamiento del motor, la temperatura alcanzada en el interior de los cilindros es muy elevada, superando los 2000 °C en el momento de la combustión. Esta temperatura, al estar por encima del punto de fusión de los metales empleados en la construcción del motor, podría causar la destrucción de los mismos. Aunque esta temperatura sea instantánea, pues baja durante la expansión y escape de los gases, aun así la temperatura media es muy elevada, y si no se dispusiera de un buen sistema de refrigeración, para evacuar gran parte del calor producido en la explosión, la dilatación de los materiales sería tan grande que produciría en ellos agarrotamientos y deformaciones. Por lo tanto el sistema de refrigeración tendrá que evacuar el calor producido durante la combustión hasta unos límites donde se obtenga el máximo rendimiento del motor, pero que no perjudiquen la resistencia mecánica de las piezas ni el poder lubricante de los aceites de engrase.

Sistemas de refrigeración

Los sistemas actualmente empleados para la refrigeración de los motores, tanto de gasolina como Diésel, son los siguientes:

- Refrigeración por aire
- Refrigeración por agua o mixtos

Refrigeración por aire

Este sistema consiste en evacuar directamente el calor del motor a la atmósfera a través del aire que lo rodea. Para mejorar la conductibilidad térmica o la manera en que el motor transmite el calor a la atmósfera, estos motores se fabrican de aleación ligera y disponen sobre la carcasa exterior de unas aletas que permiten aumentar la superficie radiante de calor. La longitud de estas aletas es proporcional a la temperatura alcanzada en las diferentes zonas del cilindro, siendo, por tanto, de mayor longitud las que están más próximas a la cámara de combustión.

La refrigeración por aire a su vez puede ser:

- Directa
- Forzada

Refrigeración directa

Se emplea este sistema en motocicletas, donde el motor va situado expuesto completamente al aire, efectuándose la refrigeración por el aire que hace impacto sobre las aletas durante la marcha del vehículo, siendo por tanto más eficaz la refrigeración cuanto mayor es la velocidad de desplazamiento. En la figura inferior se puede ver un motor de motocicleta de la marca BMW, con dos cilindros horizontales refrigerados por aire.

Refrigeración forzada

El sistema de refrigeración forzada por aire es utilizado en vehículos donde el motor va encerrado en la carrocería y, por tanto, con menor contacto con el aire durante su desplazamiento. Consiste en un potente ventilador movido por el propio motor, el cual crea una fuerte corriente de aire que canalizada convenientemente hacia los cilindros para obtener una eficaz refrigeración aun cuando el vehículo se desplace a marcha lenta. Este sistema de refrigeración fue utilizado por la marca Volkswagen en su mítico escarabajo, también lo utilizo Citroën en su no menos mítico 2CV y GSA.

Refrigeración por agua

Este sistema consiste en un circuito de agua, en contacto directo con las paredes de las camisas y cámaras de combustión del motor, que absorbe el calor radiado y lo transporta a un depósito refrigerante donde el líquido se enfría y vuelve al circuito para cumplir nuevamente su misión refrigerante donde el líquido se enfría y vuelve al circuito para cumplir su misión refrigerante. El circuito se establece por el interior del bloque y culata, para lo cual estas piezas se fabrican huecas, de forma que el líquido refrigerante circunde las camisas y cámaras de combustión circulando alrededor de ellas. La circulación del agua por el circuito de refrigeración puede realizarse por "termosifón" (apenas se ha utilizado) o con circulación forzada por bomba centrífuga.

Circulación del agua por termosifón

Este sistema como se ha dicho antes, no se utiliza desde hace muchos años. El sistema está basado en la diferencia de peso entre el agua fría y caliente, de forma que el agua caliente en contacto con los cilindros y cámaras de combustión pesa menos que el agua fría del radiador, con lo cual se establece una circulación de agua del motor al radiador.

Funcionamiento

El agua caliente entra por la parte alta del radiador donde se enfría a su paso por los tubos y aletas refrigerantes en contacto con el aire de desplazamiento. El agua fría, por el aumento de peso, baja al depósito inferior del radiador y entra en el bosque, donde al irse calentando va ascendiendo por el circuito interno para salir otra vez al radiador. La circulación del agua en el sistema es autorregulable, ya que al aumentar la temperatura del motor, aumenta también la velocidad de circulación por su circuito interno, independientemente de la velocidad de régimen del motor.

Circulación de agua por bomba

Este es el sistema mayormente utilizado desde hace muchos años, ofrece una refrigeración más eficaz con menor volumen de agua, ya que, debido a las grandes revoluciones que alcanzan hoy día los motores, necesitan una evacuación más rápida de calor, lo cual se consigue forzando la circulación de agua por el interior de los mismos.

Estudio de los elementos que componen el circuito de refrigeración

El circuito de refrigeración de los motores está formado principalmente por los siguientes elementos:

- Radiador
- Bomba centrífuga de agua
- Válvula reguladora de temperatura (termostato)
- Ventilador

Radiador

El radiador sirve para enfriar el líquido de refrigeración. El líquido se enfría por medio del aire que choca contra la superficie metálica del radiador. El radiador está formado por dos depósitos, uno superior y otro inferior, también pueden estar en los laterales. Ambos están unidos entre sí por una serie de tubos finos rodeados por numerosas aletas de refrigeración, o por una serie de paneles en forma de nidos de abeja que aumentan la superficie radiante de calor. Tanto los tubos y aletas como los paneles se fabrican en aleación ligera (actualmente sobre todo de aluminio), facilitando, con su mayor conductibilidad térmica, la rápida evacuación de color a la atmósfera.

Bomba de agua

La bomba de agua se intercala en el circuito de refrigeración del motor, y tiene la misión de hacer circular el agua en el circuito de refrigeración del motor, y tiene la misión de hacer circular el agua en el circuito para que el transporte y evacuación de calor sea más rápido. Cuanto más deprisa gire el motor, mayor será la temperatura alcanzada en el mismo, pero como la bomba funciona sincronizada con él, mayor será la velocidad con que circula el agua por su interior y, por tanto, la evacuación de calor.

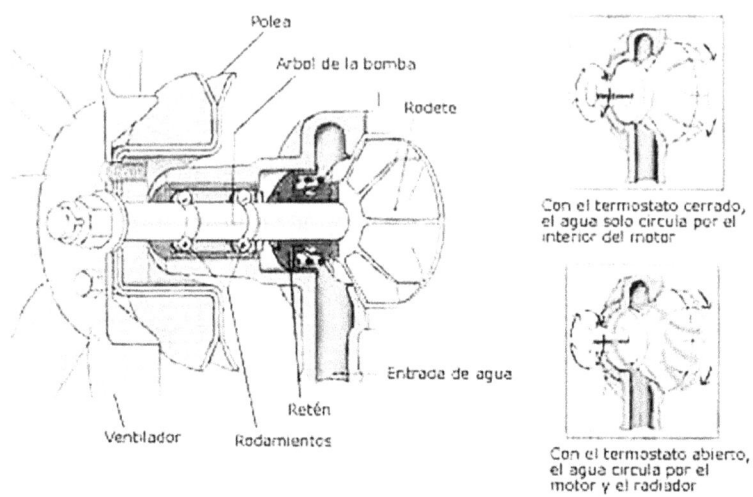

Esquema interno de la bomba de agua

Las bombas utilizadas en automoción son de funcionamiento centrífugo, y están formadas por una carcasa de aleación ligera, unida al bloque motor con interposición de una junta unión. En el interior de la misma se mueve una turbina de aletas unida al árbol de mando de bomba, el cual se apoya sobre la carcasa por medio de uno o dos cojinetes de bolas, con un retén acoplado al árbol para evitar fugas de agua a través del mismo. En el otro extremo del árbol va montado un cubo al cual se une la polea de mando.

Termostato

Hay que tener en cuenta que la temperatura interna del motor debe mantenerse dentro de unos límites establecidos (alrededor de 85ºC) para obtener un perfecto funcionamiento y un rendimiento máximo, debiendo mantener esa temperatura tanto en verano como en invierno. La temperatura de funcionamiento en el motor incide directamente sobre la lubricación y la alimentación ya que, si está frío, el aceite se hace más denso dificultando el movimiento de sus órganos con pérdida de potencia en el motor. Por otra parte, a bajas temperaturas la mezcla de combustible se realiza en peores condiciones, no obteniendo toda su potencia calorífica en la combustión, con un mayor consumo para una potencia dada. Si la temperatura, por el contrario, es elevada, el aceite se hace más fluido, perdiendo parte de sus propiedades lubricantes, con lo cual las partes móviles del motor pueden sufrir dilataciones y agarrotamientos, dificultando el movimiento se sus órganos móviles y absorbiendo una mayor potencia que reduce el rendimiento útil del motor. El termostato se utilizara para mantener la temperatura de funcionamiento del motor entre unos límites preestablecidos. El termostato va situado frecuentemente en la boca de salida de la culata del motor. Cuando la temperatura del agua es inferior a la prevista, el termostato cierra la válvula de paso impidiendo la salida del agua hacia el radiador, con lo cual la circulación se establece directamente desde la bomba, que al aspirar el agua caliente y mandarla al circuito interno sin refrigerar, hace que el agua ya caliente alcance pronto mayor temperatura. Cuando el agua ha alcanzado la temperatura adecuada, el termostato abre la válvula dejando libre la circulación hacia el radiador, con lo cual se establece el funcionamiento normal del circuito de refrigeración.

Existen varios tipos de termostatos. Hay termostatos denominados de "fuelle" y los más utilizados actualmente, los termostatos de "cera".

Termostato de cera

El funcionamiento del termostato se basa en el considerable cambio del volumen de la cera a una temperatura predeterminada.

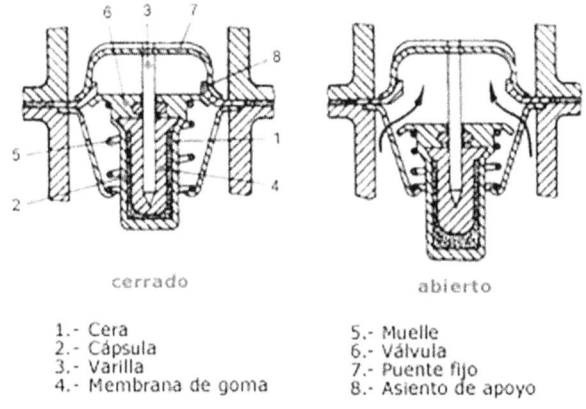

cerrado   abierto

1.- Cera   5.- Muelle
2.- Cápsula   6.- Válvula
3.- Varilla   7.- Puente fijo
4.- Membrana de goma 8.- Asiento de apoyo

Esquema interno del termostato

143

Al llegar a esta temperatura, la cera (1) se expande en la cápsula (2) y empuja la membrana de goma (4) unida a la varilla (3); como ésta es solidaria al puente fijo (7), no puede moverse y, en consecuencia, la cápsula (2) se desplaza hacia abajo, venciendo la resistencia del muelle (5). El movimiento de la cápsula abre la válvula (6), que se apoya en el asiento (8), y el agua penetra a través del paso abierto. Cuando la cera recupera su temperatura inicial, su volumen se reduce y la cápsula asciende de nuevo, ayudada por la reacción del muelle; al final de la ascensión, la válvula cierra el paso del agua de refrigeración. El termostato regula así el flujo del líquido refrigerante y permite que el circuito de refrigeración mantenga en el motor la temperatura idónea de la marcha.

Ventilador

El ventilador sirve para impulsar el aire a través del radiador para obtener una mejor y más eficaz refrigeración, pero ello no siempre es imprescindible cuando la velocidad del vehículo es suficiente para producir la refrigeración por el simple desplazamiento rápido del mismo. En estos casos se puede desconectar el ventilador consiguiendo así una marcha más silenciosa del automóvil y un menor consumo de combustible.

El ventilador puede ser accionado por:

- El motor térmico,
- Un motor eléctrico, específico para este cometido.

El accionamiento del ventilador por el motor térmico puede ser de forma directa o mediante una correa de accionamiento. En este caso el ventilador se moverá continuamente mientras lo haga el motor térmico. Para poder conectar y desconectar el giro del ventilador cuando es accionado por el motor térmico, necesitamos de un sistema que pueda acoplar y desacoplar el ventilador, teniendo en cuenta la temperatura del motor. Existen varios sistemas de acoplamiento del ventilador al motor térmico.

Acoplamiento mediante electroimán

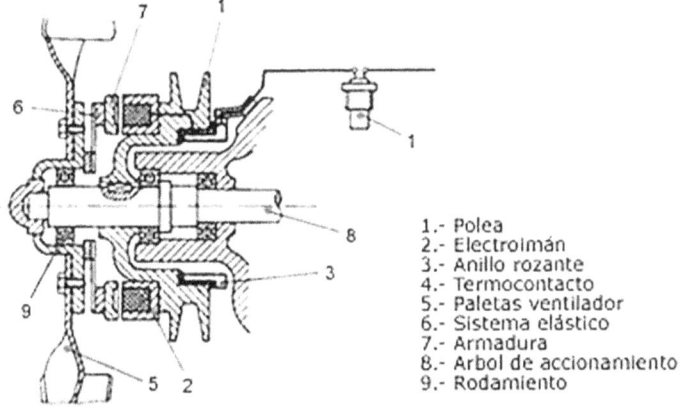

1.- Polea
2.- Electroimán
3.- Anillo rozante
4.- Termocontacto
5.- Paletas ventilador
6.- Sistema elástico
7.- Armadura
8.- Arbol de accionamiento
9.- Rodamiento

Esquema del sistema de acoplamiento del ventilador mediante electroimán

El sistema consiste en acoplar sobre la polea (1) que mueve la bomba de agua, un electroimán (2) que recibe corriente a través de un anillo rozante (3) y un termocontacto (4) situado en el circuito de agua de la culata. En las paletas del ventilador (5), que gira libre e independiente de la bomba y que va montado sobre el mismo árbol (8) por medio de un rodamiento (9), va acoplada una armadura (7) sujeta al ventilador por medio de un sistema elástico (6). Cuando la temperatura del agua baja a los 75 °C el termostato (4) se abre, interrumpiendo la corriente al electroimán, con lo cual el ventilador queda fuera de servicio. Cuando la temperatura del líquido refrigerante llega a los 85 °C se cierra nuevamente el circuito eléctrico del electroimán, atrayendo a la armadura y haciendo solidario el ventilador a la polea de mando, con lo cual éste permanece en funcionamiento. Accionamiento del ventilador mediante motor eléctrico, en este caso el movimiento del ventilador es independiente del motor térmico. El ventilador se conecta y desconecta automáticamente mediante un interruptor térmico (termocontacto), tarado para la conexión entre 90 y 98 ºC y la desconexión 82 a 90 ºC. El circuito eléctrico se compone de un termocontacto, un relé y el propio motor eléctrico.

El termocontacto consta de un elemento bimetálico que al calentarse cierra un contacto eléctrico que alimenta el motor eléctrico. El termocontacto va instalado en la salida del radiador.

El tamaño del ventilador y la potencia del motor eléctrico dependen de si el motor es Diésel o gasolina.

También depende de si el automóvil monta o no aire acondicionado. Se pueden montar uno o dos ventiladores, a su vez cada ventilador puede ser de una o dos velocidades.

En los automóviles con aire acondicionado el "condensador" va situado junto con el radiador, con esto se consigue que ambos elementos se refrigeren con el aire que choca con la parte delantera del vehículo cuando este se mueve.

El ventilador o los ventiladores además de refrigerar el "radiador" también lo hacen con el "condensador". Por esta razón es necesario de unos ventiladores más potentes o el uso de dos ventiladores cuando el vehículo monta aire acondicionado.

SISTEMA DE REFRIGERACIÓN DEL MOTOR

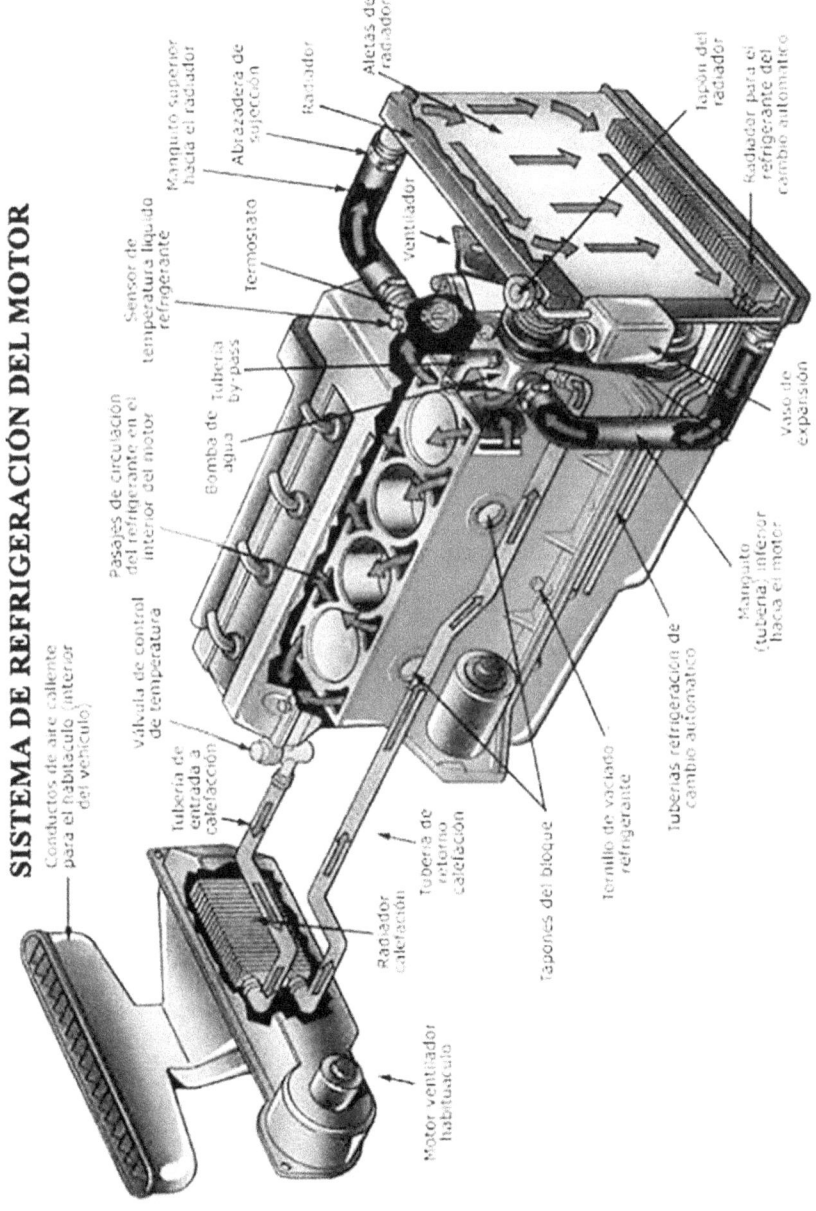

Conductos de aire caliente para el habitáculo (interior del vehículo)

Válvula de control de temperatura

Pasajes de circulación del refrigerante en el interior del motor

Sensor de temperatura líquida refrigerante

Manguito superior hacia el radiador

Abrazadera de sujeción

Radiador

Aletas del radiador

Tapón del radiador

Radiador para el refrigerante del cambio automático

Termostato

Ventilador

Bomba de agua

Tubería by-pass

Vaso de expansión

Tubería de entrada a calefacción

Tubería de retorno calefacción

Radiador calefacción

Motor ventilador habitáculo

Tapones del bloque

Tornillo de vaciado refrigerante

Tuberías refrigeración de cambio automático

Manguito (tubería) inferior hacia el motor

147

Cerraduras eléctricas de las puertas

Comúnmente llamado "cierre centralizado" consiste en asegurar el cierre de todas las puertas de forma eléctrica y conjunta. Al intentar abrir o cerrar la puerta del conductor de forma manual mediante la llave, ésta activa con su movimiento, un interruptor que se encarga de activar todos los dispositivos electromagnéticos dedicados a bloquear o desbloquear las puertas. También desde el interior del vehículo se puede activar el cierre centralizado mediante un pulsador. En algunos casos, el circuito eléctrico de este mecanismo va unido a un dispositivo de seguridad (contactor de inercia) que desenclava automáticamente las cuatro puertas si se produce un choque del vehículo a más de 15 km/h. También hay vehículos que además de lo anterior enclavan el cierre centralizado por seguridad de sus ocupantes a partir de una velocidad determinada (15 km/h). Los primeros dispositivos de cierre centralizado estaban compuestos por dos "bobinas eléctricas" entre la que se interponía un "disco de ferrita", que se mueve atraído por las bobinas según estén alimentadas o no con tensión eléctrica. Así cuando se hace pasar corriente eléctrica por la bobina superior el disco de ferrita es atraído hacia arriba desplazando con ella la varilla, la cual accionada mediante el correspondiente mecanismo de palancas a la leva, que produce el enclavamiento de la cerradura. Al mismo tiempo y debido al dispositivo mecánico de esta cerradura, la palanca hace subir a la correspondiente varilla unida a ella, apareciendo el testigo de que la correspondiente cerradura se encuentra enclavada. Lo contrario de este proceso ocurre cuando se hace pasar corriente eléctrica por la bobina inferior.

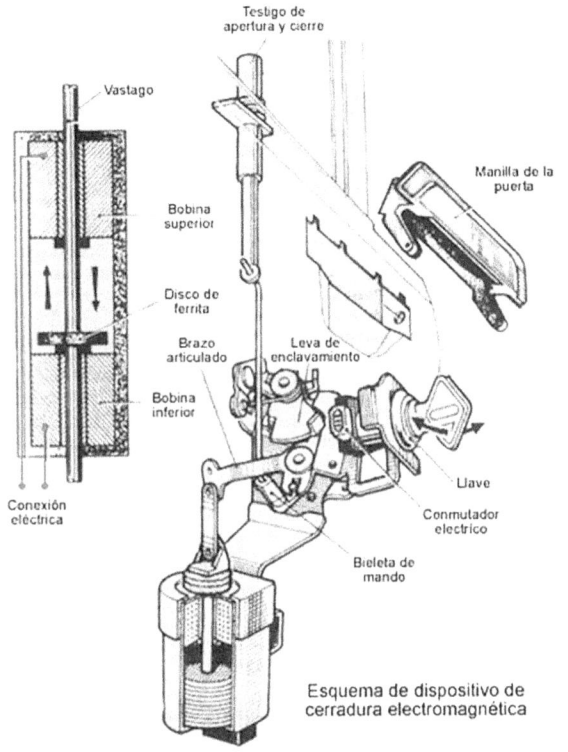

Testigo de
apertura y cierre

Vastago

Manilla de la
puerta

Bobina
superior

Disco de
ferrita

Brazo
articulado

Leva de
enclavamiento

Bobina
inferior

Llave

Conexión
eléctrica

Conmutador
eléctrico

Bieleta de
mando

Esquema de dispositivo de
cerradura electromagnética

En la actualidad, las cerraduras electromagnéticas se han sustituido por un mecanismo de cierre centralizado que utiliza pequeños motores eléctricos que activan las cerraduras de una manera similar. El motor eléctrico es un motor reversible al que se le hace llegar la corriente por uno de los bornes para el cierre y por el contrario para la apertura, mientras que el otro borne se pone a masa.

También hoy en día se utiliza frecuentemente para el cierre o apertura de las puertas, un transmisor portátil o mando a distancia, capaz de emitir una señal infrarroja codificada que es captada por un receptor emplazado en el interior del habitáculo, generalmente cerca del espejo retrovisor interno. Este receptor transforma la señal recibida en impulso de corriente que es enviado a los actuadores electromagnéticos o motores eléctricos de cada una de las puertas para su activación.

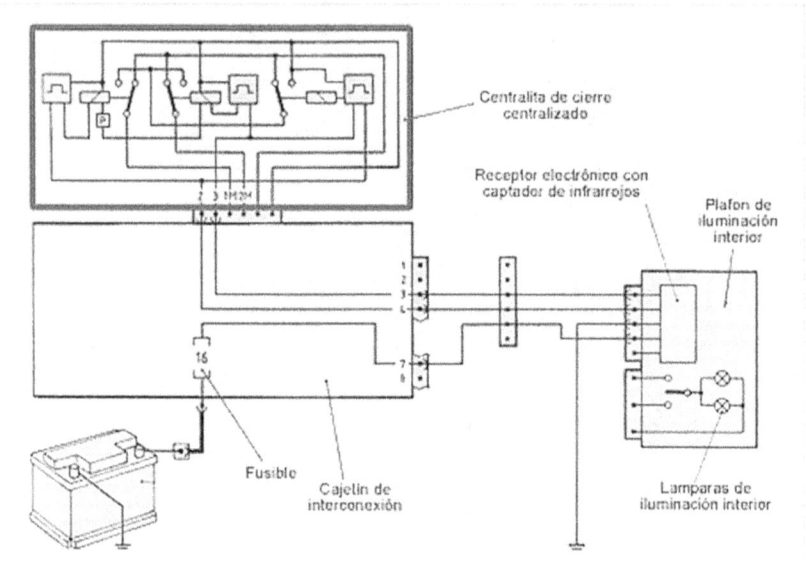

Esquema eléctrico del conjunto formado por cierre centralizado mas el mando a distancia

Levanta cristales eléctricos

Las primeras ventanas en la industria del automóvil eran fijas o desmontables, inicialmente sólo en la parte frontal y más tarde en los laterales. Más tarde llegarían las ventanas frontales que se podían tumbar con la ayuda de bisagras. El último avance antes de la solución moderna fueron las ventanas laterales plegables. Un ejemplo de uso de ventanas plegables puede observarse en el 2CV de Citroën. También las ventanas deslizables, como en el Renault 4 eran frecuentes. Las ventanas deslizables o plegables tienen dos ventajas: son más económicas e impermeables. Los aislamientos de los elevalunas no pueden asegurar una impermeabilidad total. Por ello la parte inferior de las puertas dispone de un canal para desviar el agua. Si se atascan o el vehículo no está en posición vertical, entonces se acumula el agua y puede provocar corrosión en la puerta.

En el automóvil (mecánico)

El empresario Max Brose fue el primero en crear en 1928 los elevalunas mecánicos convencionales por giro de la manilla. Gracias al freno de muelle antirrollo se posibilitó por primera vez que la ventana permaneciera en cualquier posición. Esta tecnología se comercializó bajo la marca "Atlas" para fabricantes de automóviles como Daimler-Benz, Volkswagen así como Borgward y Lloyd.

En el automóvil (eléctrico)

En los Estados Unidos se introdujeron los elevalunas eléctricos Lincoln (hoy parte del Grupo Ford) en 1941. El primero vehículo en Europa con elevalunas eléctricos fue el BMW 503 en los años 1950. En la actualidad la variante eléctrica es estándar con un botón para accionar cada ventana en la puerta de la misma. Igualmente el conductor dispone de la posibilidad de accionar los 4 elevalunas, en su puerta o en la consola intermedia.

Funcionamiento

En el caso de elevalunas eléctricos que funcionan con cordones tirantes, un motor eléctrico impulsa un tambor con el cordón con la ayuda de un tornillo sin fin. En el tambor los dos extremos del cordón de acero están diseñados para que con el giro un extremo se enrolle y el otro se desenrolle.

Antipinzamiento

El antipinzamiento es un sistema de seguridad que evita daños en objetos o personas si estos son atrapados cuando se cierra la ventana. Los sistemas más sencillos implementan el antipinzamiento en parte de forma mecánica por medio de limitadores de momento. Los elevalunas eléctricos más complejos y confortables con función de cierre automático requieren un sistema antipinzamiento: tan pronto como el momento de propulsión para cerrar elevar la ventana supera un valor límite dependiente de la posición de la ventana, entonces se invierte la dirección de movimiento de la ventana para liberar el objeto pinzado. El sistema de antipinzamiento debe de diferenciar con ayuda de la posición de la ventana si se trata de un objeto externo o si se ha alcanzado el límite en el que se encuentra el aislamiento de goma. Normalmente se implementa la función antipinzamiento con electrónica del motor, dado que se puede averiguar la posición de la ventana en el eje del motor de forma sencilla con la ayuda de sensores Hall.

Instalación del mecanismo de
elevalunas de "cable rígido"

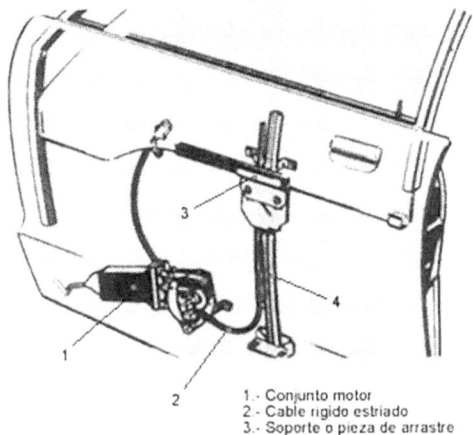

1.- Conjunto motor
2.- Cable rígido estriado
3.- Soporte o pieza de arrastre
4.- Carriles guía

Esquema interno del elevalunas eléctrico

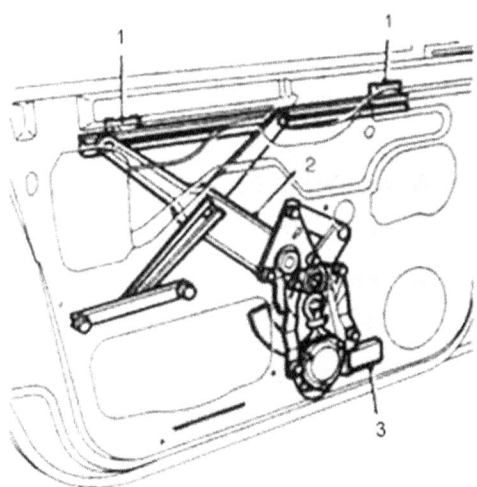

1.- Soporte del cristal
2.- Timonería o mecanismo del alzacristales
3.- Conjunto motor

153

Sistemas de Alarmas

Si pensamos en una alarma de coche en su forma más sencilla, lo haremos uniendo una serie de sensores conectados a una algún tipo de sirena. La alarma más simple debe tener un interruptor en la puerta del conductor, y cableada de tal manera que si alguien la abriera, la alarma comenzaría a sonar. Podríamos construir este tipo de alarma con un interruptor, unos cuantos cables y una sirena. La mayoría de alarmas modernas son mucho más sofisticadas que esto. Constan principalmente de los siguientes elementos:

- Una serie de sensores que pueden incluir interruptores, sensores de presión y detectores de movimiento.
- Una sirena, que frecuentemente dispone de una variedad de tonos con los que se puede diferenciar el sonido del coche
- Un receptor de radio para permitir un control inalámbrico desde la llave o mando.
- Una batería auxiliar que permite que la alarma pueda funcionar con la batería principal desconectada.
- Una centralita que monitoriza cada acción y que hace saltar la alarma y los sonidos.

El cerebro en los sistemas más avanzados es realmente un pequeño ordenador. La función del cerebro es la de cerrar los interruptores que activan los dispositivos de la alarma -el claxon, destellos o una sirena instalada- cuando realmente detectan que los dispositivos están abiertos o cerrados. Los sistemas de seguridad difieren principalmente en qué clase de sensores utiliza y del valor económico de los dispositivos que se hallan en el cerebro. Los dispositivos y el cerebro de la alarma deben estar unidos a la batería del coche, pero de todas maneras suelen tener una batería auxiliar. Esta batería oculta entra en funcionamiento cuando alguien desconecta la fuente principal de energía. El caso de cortar la alimentación indica la posible presencia de un intruso, lo cual provoca que el cerebro dispare la alarma.

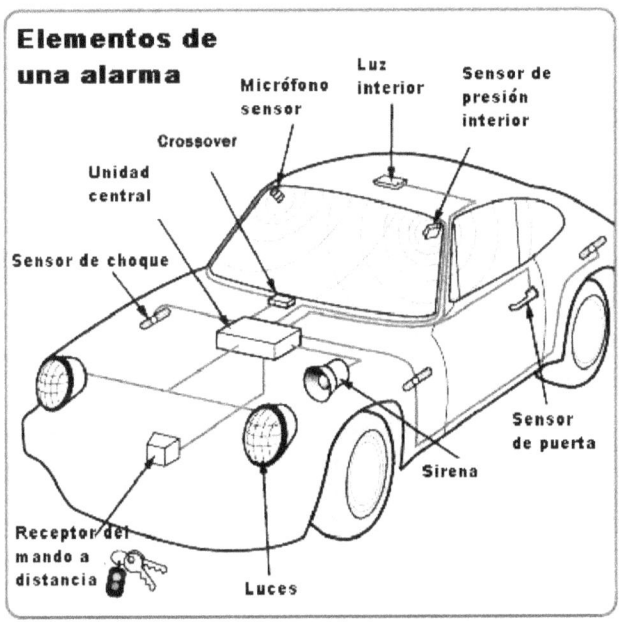

Sensores de puertas

El elemento más básico en un sistema de alarma de automóvil es la alarma de puertas. Cuando se abre el capó, el maletero o alguna de las puertas en un coche totalmente protegido, la central activa la alarma. Muchos sistemas de alarma de automóvil emplean el mecanismo de interruptor que hay ya instalado en las puertas. En los coches modernos, al abrir una puerta o el maletero, enciende las luces interiores. El interruptor que hace funcionar esto es como el mecanismo que controla la luz en un frigorífico. Cuando la puerta está cerrada, está presionando un pequeño botón o palanca con un muelle, que abre el circuito. Cuando la puerta está abierta, el muelle empuja al botón, cerrando el circuito y enviando electricidad a las luces interiores. Todo lo que hay que hacer para emplear los sensores de puerta es añadir un nuevo elemento a este circuito. Con los nuevos cables en su sitio, al abrir la puerta (cerrando el interruptor) se envía una señal eléctrica a la central además de a las luces interiores. Esta señal provoca que la central haga sonar la alarma. Como medida de protección completa, algunas alarmas modernas monitorizan el voltaje de todo el circuito eléctrico del coche. Si hay una caída del voltaje, la central descubre que alguien ha interferido en el sistema eléctrico, encendiendo una luz (abriendo una puerta), manipulando los cables bajo el capó o robando un remolque con conexión eléctrica, todo lo que podría causar una caída de tensión. Los sensores de puertas son muy efectivos, pero ofrecen una protección igualmente limitada.

Sensores de choque

En la anterior sección, hemos visto los sensores de puertas, uno de los sistemas más básicos en alarmas del automóvil. Actualmente, sólo las alarmas más baratas dependen sólo de los sensores de puertas. La mayoría de sistemas más avanzados confían en sensores de choque para detectar ladrones. La idea de un sensor de choque es muy simple: si alguien golpea, empuja o mueve de alguna forma el coche, el sensor envía una señal a la central indicando la intensidad del movimiento. Dependiendo de la magnitud del choque, la central emite una señal de aviso o bien hace sonar una señal completa. Hay muchas formas de construir un sensor de choque. Un sensor simple es un contacto metálico largo y flexible posicionado sobre otro contacto de metal. Podemos configurar fácilmente estos contactos como un simple conmutador: cuando los juntamos, la corriente fluye a través de ellos. Una sacudida sustancial hará moverse al contacto flexible hasta tocar el otro contacto, completando el circuito brevemente.

El problema con este diseño es que todos los choques o vibraciones cierran el circuito de la misma manera. La central no tiene forma de medir la intensidad de la sacudida, resultando en gran cantidad de falsas alarmas. Otros sensores más avanzados envían diferente información dependiendo de la dureza del impacto. El diseño mostrado a continuación es un buen ejemplo de este tipo de sensores. El sensor tiene sólo tres elementos principales:

- Un contacto eléctrico central en un recipiente cilíndrico.
- Muchos contactos eléctricos pequeños en el fondo del recipiente.
- Una bola metálica que se puede mover libre dentro del recipiente.

En cualquier posición de reposo, la bola metálica está tocando a la vez el contacto central y uno de los contactos pequeños. Esto completa un circuito, enviando una corriente eléctrica a la central. Cada uno de los pequeños contactos está conectado a la central así, mediante circuitos separados. Cuando movemos el sensor, golpeando o agitándolo, la bola rueda alrededor del recipiente. Al rodar fuera de uno de los contactos pequeños, se rompe la conexión entre ese contacto y el central. Esto abre el circuito, avisando a la central de que la bola se ha movido. Al rodar, pasa sobre los otros contactos, cerrando cada circuito y abriéndolo otra vez, hasta que la bola se para Si el sensor recibe un golpe más duro, la bola rueda un distancia mayor, pasando sobre más pequeños contactos hasta que pare. Cuando esto ocurre, la central recibe cortas señales de corriente desde cada circuito individual. Basándose en cuántas señales recibe y cuánto tiempo duran, la central puede determinar la dureza del golpe. Para pequeños movimientos, en los que la bola sólo rueda de un contacto al siguiente, la central no debería disparar la alarma. Para movimientos ligeramente más fuertes -alguien sacudiendo el coche, por ejemplo- emitirá una señal de aviso: un pitido de la bocina y un destello de las luces. Cuando la bola rueda una buena distancia, la central enciende la sirena completamente. En muchos sistemas de alarma modernos, los sensores de choque son los principales detectores de robo, pero están normalmente asociados a otros recursos. En las siguientes secciones, veremos otros tipos de sensores que le indican a la central que algo va mal. Sensores de ventanas Muchas veces, los ladrones de coches no pierden el tiempo forzando las cerraduras para entrar en un coche: simplemente rompen una ventana. Una alarma completamente equipada tiene forma de detectar esta intrusión. El más común sensor de rotura de cristales es un simple micrófono conectado a la central. Los micrófonos miden los cambios en la presión y convierten estas variaciones en una corriente eléctrica fluctuante. La rotura de un cristal tiene una frecuencia de sonido característica. El micrófono convierte esto en una corriente eléctrica con esa frecuencia particular, que envía a la central. En su camino hacia la central, la corriente pasa a través de un crossover, un aparato eléctrico que sólo conduce la electricidad de un determinado rango de frecuencias. El crossover está configurado de tal forma que sólo conducirá la corriente que tenga la frecuencia de la rotura de un cristal. Así, sólo este sonido específico disparará la alarma, y todos los demás serán ignorados. Otra forma de detectar la rotura de un cristal, así como la apertura de una puerta, es midiendo la presión del aire dentro del coche.

Sensores de presión

Una manera simple para una alarma de detectar un intruso es monitorizando los niveles de presión de aire. Incluso si no hay presión diferencial entre el interior y el exterior, el acto de abrir una puerta o romper una ventana empuja o aspira el aire del interior, creando un breve cambio en la presión. Podemos detectar fluctuaciones en la presión del aire con un simple altavoz. Un altavoz tiene dos componentes principales:

- Un cono móvil.
- Un electroimán, rodeado por un imán natural, sujeto al cono.

Cuando hacemos sonar música, una corriente eléctrica fluye arriba y abajo a través del electroimán, esto hace que se mueva al mismo tiempo, tirando y empujando al cono, creando fluctuaciones en la presión del aire cercano. Nosotros percibimos estas fluctuaciones como sonidos. El mismo sistema puede funcionar al revés, lo que ocurre en un sensor de presión básico.

Las fluctuaciones de presión mueven el cono arriba y abajo, lo que empuja y tira del electroimán. Como sabemos, un electroimán moviéndose dentro de un campo magnético natural genera una corriente. Cuando la central registra una corriente proveniente de este sensor, reconoce que algo ha causado un rápido incremento de presión dentro del coche. Esto hace pensar que alguien ha abierto una puerta o una ventana. Algunos sistemas de alarmas emplean la instalación de audio del coche, pero otros tienen sensores propios que están específicamente diseñados para esto. La conjunción de los sensores de presión, de rotura de cristales y de puertas desempeñan un gran trabajo detectando las intrusiones en el coche, pero algunos ladrones pueden llegar a hacer muchos daños sin ni siquiera entrar en el coche. En la siguiente sección, veremos algunos sistemas de seguridad que vigilan qué ocurre fuera de nuestros coches.

Sensores de movimiento e inclinación

Muchos ladrones de coches no buscan hacerse con el coche entero, sino que quieren piezas de él. Estos destripa-coches pueden hacer gran parte de su "trabajo" sin abrir una puerta o ventana, y un ladrón provisto de una grúa puede llevárselo entero. Hay muchas formas para que un sistema de seguridad vigile lo que ocurre fuera de nuestro coche. Algunos sistemas de alarma incluyen escáneres perimetrales, elementos que controlan lo que ocurre en las inmediaciones del coche. El escáner de perímetro más común es un sistema de radar, consistente en un radio transmisor y un receptor. El transmisor envía señales de radio y el receptor monitoriza las reflexiones de la señales. Basándose en esta información, el radar puede determinar la proximidad de cualquier objeto cercano. Para proteger contra ladrones con camiones grúa. algunos sistemas de alarma emplean sensores de inclinación. El diseño básico de un sensor de este tipo es una serie de interruptores de mercurio. Un interruptor de mercurio consta de dos cables eléctricos y una bola de mercurio colocada dentro de un contenedor cilíndrico. En un interruptor de mercurio, un cable (contacto A) ocupa todo el fondo del cilindro, mientras que el otro (contacto B) se extiende sólo hasta la mitad. El mercurio está siempre en contacto con el cable A, pero puede romperse el contacto con el B. Cuando el cilindro se inclina en un sentido, el mercurio fluye haciendo contacto entre los dos cables. Esto cierra el circuito a través del interruptor. Cuando el cilindro se inclina en sentido contrario, el mercurio fluye alejándose del cable B, abriendo el circuito. En algunos diseños, sólo la punta del cable B está en contacto con el mercurio, y este debe tocarla para cerrar el circuito. Al inclinar el interruptor hacia alguno de los dos lados se abrirá el circuito. Como hemos visto, muchos dispositivos que posee el propio coche actúan como señales de alarma efectivas. Como mínimo, la mayoría de los sistemas harán sonar el claxon y destellarán las luces cuando el sensor detecte un intruso. Deben estar conectados con el contacto, cortar el flujo de gasolina al motor (por ejemplo: desconectando la electrobomba de gasolina) o inutilizar el coche de otra manera. Un sistema avanzado incluirá también una sirena independiente que produce una gran variedad de sonidos. Hacer mucho ruido llamará la atención al ladrón, y los intrusos desaparecerán de allí tan pronto como como la alarma salte. En algunos sistemas puedes programar un patrón diferente para la sirena de sonidos con lo que podrás distinguir la alarma de tu coche de las demás. Muchos sistemas incluyen un receptor de radio insertado en el cerebro y un transmisor de radio que puedes llevar en tu llavero. En la próxima sección veremos qué papel desempeñan estos sistemas en la instalación de seguridad.

El Transmisor

La mayoría de alarmas incluyen algún tipo de mando transmisor en la llave. Con este dispositivo puedes mandar instrucciones al cerebro del sistema de alarma y a distancia. Funciona básicamente de la misma forma que los coches teledirigidos. Utiliza un impulso de radio modulada para enviar mensajes específicos.

El llavero transmisor de una alarma: el transmisor nos permite cerrar las puertas, conectar y desconectar la alarma y apagar la sirena desde fuera del coche. La función del transmisor de la llave es la de permitirle encender y apagar el sistema de alarma a voluntad. Después de que se haya bajado del coche y haya cerrado la puerta, puede conectar el sistema tocando un solo botón; cuando vuelva al coche usted podrá desconectarlo de la misma manera. En la mayoría de los sistemas, al conectar y desconectar se encenderán las luces y se tocará el claxon. Esto le permite al igual que a los de alrededor que el sistema está conectado. Esta innovación ha hecho las alarmas mucho más fáciles de usar. Antes de los transmisores remotos, los sistemas de alarmas actuaban con un sistema de retardo. Al igual que un sistema en una vivienda, se activa la alarma cuando se aparca el coche y se dispone de 30 segundos más o menos para salir y cerrar las puertas. Cuando abriésemos el coche, tendríamos el mismo tiempo para apagar la alarma una vez estuviésemos dentro. Este sistema fue muy problemático porque les daba a los ladrones una oportunidad de desconectar la alarma antes de que la sirena sonase. Los transmisores también te permiten abrir los seguros, encender las luces y apagar la alarma antes de que subamos al coche. Algunas otras te dan incluso más control sobre el cerebro del sistema. Estos dispositivos tienen un ordenador central y un sistema de diagnosis. Cuando un intruso molesta a su vehículo, el ordenador comunica con la diagnosis de la llave y te informa acerca de los sensores que se han disparado. Para los sistemas más avanzados puedes comunicarte con el cerebro, indicándole que apague el motor. Desde que el transmisor controla el sistema, el patrón de la modulación del pulso debe actuar como una llave. Para una línea particular de alarmas en los dispositivos, habrá millones de codificaciones distintas. Esto convierte el lenguaje de comunicación del sistema de alarma único, por lo que nadie podrá usar su coche con otro transmisor. Este sistema es bastante efectivo, pero no infalible. Si un determinado ladrón quiere entrar dentro del coche, pueden usar un detector de claves y hacer una copia de la suya. Un detector de claves es un receptor de radio que es sensible ante la señal del transmisor original. Recibe el código y lo graba. Si el ladrón consigue tu código de "desarme", puede programar otro transmisor para imitar exactamente tu señal "única". Con este código copiado el ladrón puede romper el sistema de alarma la próxima vez que se deje el coche descuidado. Para afrontar este problema los sistemas avanzados han establecido una serie nueva de códigos cada vez que se activa la alarma. Utilizando algoritmos de codificación, el receptor encripta el nuevo código de "desarme" y lo envía al transmisor. Desde el transmisor solo se usa el código una vez, por lo tanto que alguien intercepte el código es inútil. Desde principios de los 90 las alarmas de coches han recorrido un largo camino, y se han hecho algo cotidiano. En los próximos 10 años seguramente se produzca un gran salto en cuanto a avances tecnológicos en alarmas. Los GPS han abierto un gran abanico de posibilidades. Si el receptor estuviese conectado al cerebro del sistema podría decirte a ti y a la policía en qué lugar se encuentra tu coche. De esta forma, aunque alguien lograra burlar el sistema de alarma, no tendría el coche durante mucho tiempo.

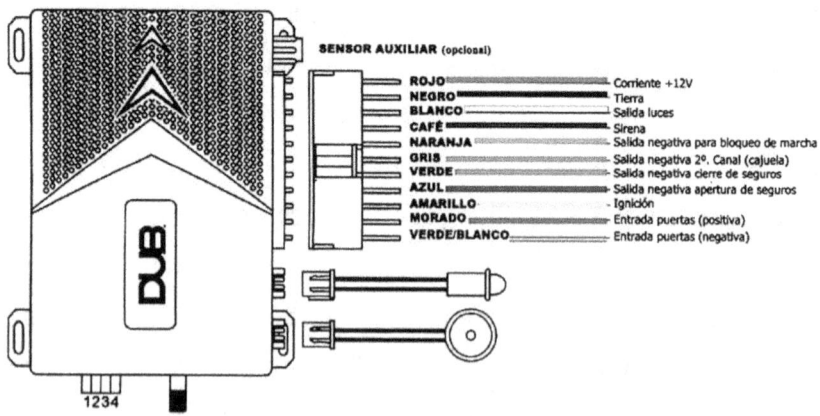

Centralita de alarma con distribución de circuitos

Autoestéreo

Guglielmo Marconi, al intentar transmitir mensajes a través de un telégrafo sin necesidad de cables descubrió que un simple un aparato que permitía transmitir voz y música a través de un espacio electromagnético: la radio.

La Radio fue evolucionando tanto como las estaciones y programas de radio, dejando de lado la hora del entretenimiento familiar (cuando todas las familias se reunían para escuchar algún programa) convirtiéndose parte del día y a día.

La gente ya no podía seguir con la idea de viajar sin su música favorita en el coche, así que en 1922, George Frost, presidente de un radio club en la universidad de Lane High, en Chicago, Estados Unidos, montó uno de esos receptores en su Ford Model T, uno de los primero vehículos fabricados para la clase media, ya que la producción en serie los hacía mucho más accesibles.

Con la ayuda de los transistores que llegaron poco después, los receptores pudieron ser más pequeños y para 1927, Philco Transitone desarrolló el primer receptor para automóvil (para ondas de amplitud modulada AM). Sin embargo, los dos creadores del receptor comercial para vehículos, más conocidos, fueron los hermanos Galvin, quienes en 1928 montaron su receptor mejor conocido como Motorola (el primer producto en llevar ese nombre) en un Ford Modelo A. A la firma le gustó tanto que fueron los primeros en buscar adaptar este modelo a sus vehículos. Mientras que del otro lado del mundo, en Alemania en 1933, la empresa Blaupunkt hacía lo mismo en un Studebaker.

¿Por qué receptor comercial y no Autoestéreo?, porque la palabra estéreo significa transmitir el sonido por dos canales (Altavoz izquierdo y derecho) y en aquellos años las grabaciones musicales se hacían en un canal y no fue hasta 1954 cuando se comenzó a utilizar esta técnica en la industria musical. Aunque la estereofonía llegó a los autos en 1969, fue en ese momento que cambió su nombre a Autoestéreo. Desde mediados de los 50, los inventos no pararon. En 1953 la empresa mexicana Becker desarrolló el primer receptor Premium en un auto el cual podía reproducir AM/FM y tenía un botón de búsqueda automática de estaciones. Dos años más tarde, Chrysler ofreció una plataforma giratoria en sus autos de tope de gama, la cual podría reproducir grabaciones de siete pulgadas (40 minutos de música) pero fue un fracaso. Esta idea se revolucionó y en 1965 llegaron las cintas de ocho tracs, que eran unos casetes de gran tamaño, como de los primeros Nintendos, que se colocaban en las ranuras de los radios y reproducían ocho canciones (de ahí su ingenioso nombre). En los 70 los famosos casetes aparecieron en nuestras vidas, amenizando cada viaje de los jóvenes hartos de escuchar lo mismo que ponían en la radio. Y en 1982 llegó uno de los sistemas de sonido que desarrollaron el primer sistema de sonido diseñado, es decir, cajas acústicas, bocinas específicamente diseñadas para sonar lo más cercano posible a cómo se grabó el audio. En esta década, el radio dejó de ser un accesorio para convertirse en todo un arte. Lejos de que en los 90 llegara el CD y en los 2000 se popularizaran todos los archivos digitales de música (MP3, WMA, ACC, AIFF, WAV, y recientemente el FLAC) el radio en el vehículo tomó una nueva forma: el car audio junto con el sound quality system, y digo artística porque no sólo requiere de utilizar lo más nuevo en tecnología y desarrollo de bocinas si no que se necesita un diseño acústico especial para hacer que el sonido esté dirigido hacia un solo punto (que normalmente es el conductor) y que en verdad suene como si estuvieras en el estudio de grabación, un deleite para todos los amantes de la música. Actualmente, en los autos Premium podemos ver sistemas de audio de renombre como Harman Kardon, Burmester, Bang & Olufsen, Bosé, etc. pero, de acuerdo con lo que nos platicó Ricardo Rangel, diseñador de audio, experto en sound quality system, y dueño de Rangel Boutique, una tienda de accesorios automotrices, muchos de estos sistemas suenan bien no por la calidad de las bocinas, sino por la caja de resonancia que está diseñada en las puertas de los vehículos, lo cual ayuda a que haya un sonido decente a pesar de la falta de potencia en las bocinas y altavoces.

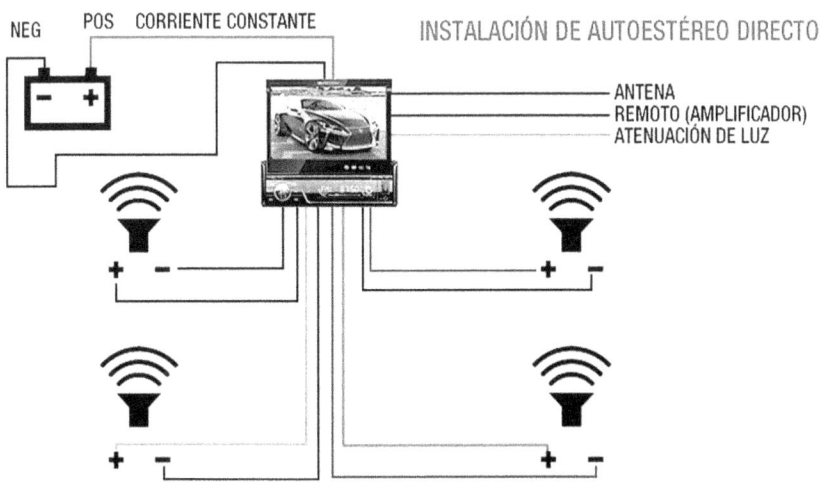

Sistema electrónico del automóvil

En líneas muy generales puede establecerse que la electricidad es una de las formas en las que el hombre puede convertir la energía. Dicho tipo de energía ha ido adquiriendo un carácter más relevante conforme el hombre diseñaba máquinas más sofisticadas. Llegó un momento en que, con el descubrimiento de las ondas hertzianas, se empezó a trabajar con valores eléctricos muy pequeños cuando fue inventada la radio. En este momento se planteó la necesidad de hacer grandes manipulaciones en la corriente para poder amplificar las señales muy débiles captadas. Estos estudios dieron como resultado una nueva tecnología que recibió el nombre de electrónica. La electrónica hubiera sido probablemente una tecnología secundaria si no hubiera realizado uno de los más importantes descubrimientos de nuestra época en el terreno de la técnica: nos referimos al descubrimiento de los semiconductores. Semiconductor es un elemento que se comporta como un conductor o como un aislante dependiendo de diversos factores, como por ejemplo el campo eléctrico o magnético, la presión, la radiación que le incide, o la temperatura del ambiente en el que se encuentre. El elemento semiconductor más usado es el silicio, el segundo el germanio, aunque idéntico comportamiento presentan las combinaciones de elementos de los grupos 12 y 13 con los de los grupos 16 y 15 respectivamente (GaAs, PIn, AsGaAl, TeCd, SeCd y SCd). Posteriormente se ha comenzado a emplear también el azufre. La característica común a todos ellos es que son tetravalentes, teniendo el silicio una configuración electrónica s^2p^2.

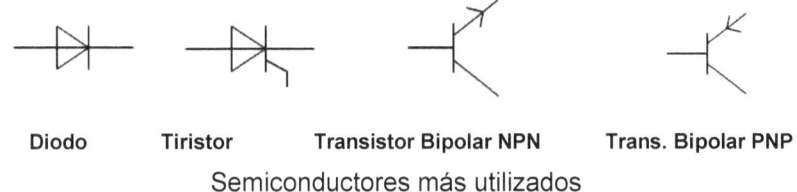

| Diodo | Tiristor | Transistor Bipolar NPN | Trans. Bipolar PNP |

Semiconductores más utilizados

Elementos electrónicos principales

Rectificadores

En electrónica, un rectificador es el elemento o circuito que permite convertir la corriente alterna en corriente continua. Esto se realiza utilizando diodos rectificadores, ya sean semiconductores de estado sólido, válvulas al vacío o válvulas gaseosas como las de vapor de mercurio. Dependiendo de las características de la alimentación en corriente alterna que emplean, se les clasifica en monofásicos, cuando están alimentados por una fase de la red eléctrica, o trifásicos cuando se alimentan por tres fases.

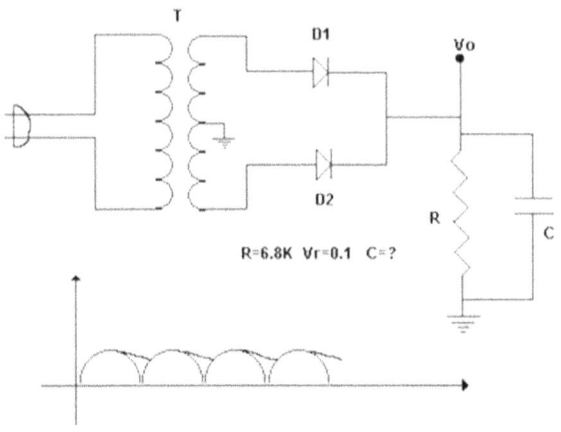

R=6.8K Vr=0.1 C=?

Circuito rectificador

Relés

El relé o relevador es un dispositivo electromecánico. Funciona como un interruptor controlado por un circuito eléctrico en el que, por medio de una bobina y un electroimán, se acciona un juego de uno o varios contactos que permiten abrir o cerrar otros circuitos eléctricos independientes. Fue inventado por Joseph Henry en 1835. Dado que el relé es capaz de controlar un circuito de salida de mayor potencia que el de entrada, puede considerarse en un amplio sentido, como un amplificador electrónico. Como tal se emplearon en telegrafía, haciendo función de repetidores que generaban una nueva señal con corriente procedente de pilas locales a partir de la señal débil recibida por la línea. Se les llamaba relevadores, de ahí relé.

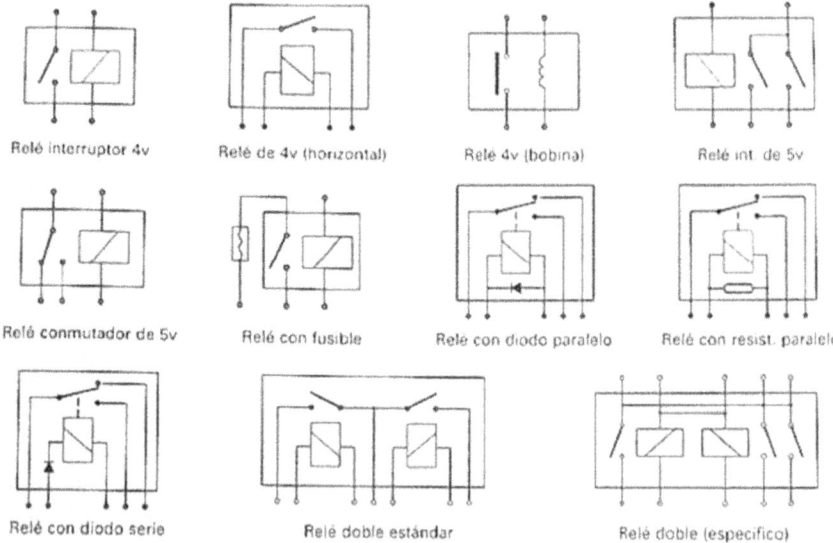

Contactos internos de un relé

El principal uso de los relés en automoción es el de comandar o permutar el juego de luces de un vehículo, en la actualidad este sistema es el más usado, aunque los nuevos vehículos empiezan a incorporar sistemas que prescinden de ello.

Relé

Regulador de voltaje

En ingeniería automática, un regulador es un dispositivo que tiene la función de mantener constante una característica determinada del sistema. Tiene la capacidad de mantener entre un rango determinado una variable de salida independientemente de las condiciones de entrada. El funcionamiento del regulador consistirá en detectar el voltaje suministrado por el alternador de manera que cuando llegue a un valor mantenga ese voltaje sin que aumente más. Una vez que el regulador detecta que se alcanza un voltaje adecuado, se encarga de cortar la corriente (excitación) que pasa por el rotor anulando de esta forma el campo magnético, con lo que el alternador deja de generar corriente, descendiendo el voltaje. En cuanto el voltaje desciende el regulador vuelve a dejar pasar corriente para generar el campo magnético. Y así continuamente. Así pues el regulador se conecta a las escobillas + y - del rotor, bien directamente o bien por medio de cables, para poder decidir sobre la corriente que circulará por el inductor.

Regulador

Amplificador

Un amplificador es todo dispositivo que, mediante la utilización de energía, magnifica la amplitud de un fenómeno. Aunque el término se aplica principalmente al ámbito de los amplificadores electrónicos. Usados en automóviles para amplificar el audio de un autoestéreo, o radio instalada en la unidad.

Amplificador instalado

Otros elementos electrónicos en el automóvil

Diodos emisores de luz LED

Led (de las siglas en inglés Light-Emitting Diode, diodo emisor de luz en español) se refiere a un componente opto electrónico pasivo más concretamente un diodo que emite luz. Los led se usan como indicadores en muchos dispositivos y en iluminación. Los primeros leds emitían luz roja de baja intensidad, pero los dispositivos actuales emiten luz de alto brillo en el espectro infrarrojo, visible y ultravioleta. Debido a sus altas frecuencias de operación son también útiles en tecnologías avanzadas de comunicaciones. Los leds infrarrojos también se usan en unidades de control remoto de muchos productos comerciales incluyendo televisores e infinidad de aplicaciones de hogar y consumo doméstico. El uso de los diodos LED en los automóviles se ha extendido en los últimos años, al principio el uso genérico de estos dispositivos era fundamentalmente indicar la carga de la batería y de los demás elementos del panel de control. Pero con la mejora de las prestaciones de dicho diodo (más brillo, mayor vida de uso y menos consumo), su uso se ha extendido y en la actualidad algunos automóviles incorporan un sistema de iluminación basado en este principio, aunque de momento su uso es desaconsejado ya que el tipo de luz que emiten es una luz blanca diferente a la del resto de sistemas de iluminación y podría causar molestias al resto de conductores. Su uso cada vez es mayor.

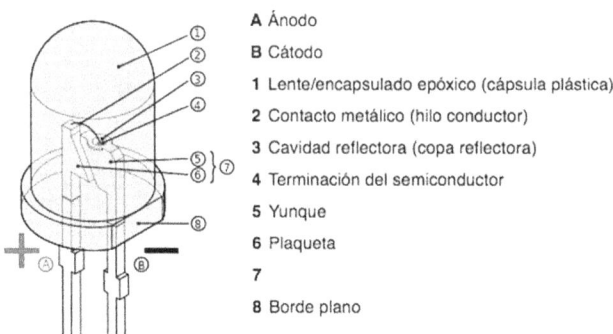

A Ánodo
B Cátodo
1 Lente/encapsulado epóxico (cápsula plástica)
2 Contacto metálico (hilo conductor)
3 Cavidad reflectora (copa reflectora)
4 Terminación del semiconductor
5 Yunque
6 Plaqueta
7
8 Borde plano

Fototransistor

Se llama fototransistor a un transistor sensible a la luz, normalmente a los infrarrojos. La luz incide sobre la región de base, generando portadores en ella. Esta carga de base lleva el transistor al estado de conducción. El fototransistor es más sensible que el fotodiodo por el efecto de ganancia propio del transistor. Un fototransistor es igual a un transistor común, con la diferencia que el primero puede trabajar de 2 formas:

-Como transistor normal con la corriente de base Ib (modo común).

-Como fototransistor, cuando la luz que incide en este elemento hace las veces de corriente de base. Ip (modo de iluminación).

La contribución de dicho sensor en el mundo del automóvil ha sido relevante, ya que son muy utilizados en para mejorar las prestaciones del vehículo, como es el sensor de lluvia o el sensor de túnel.

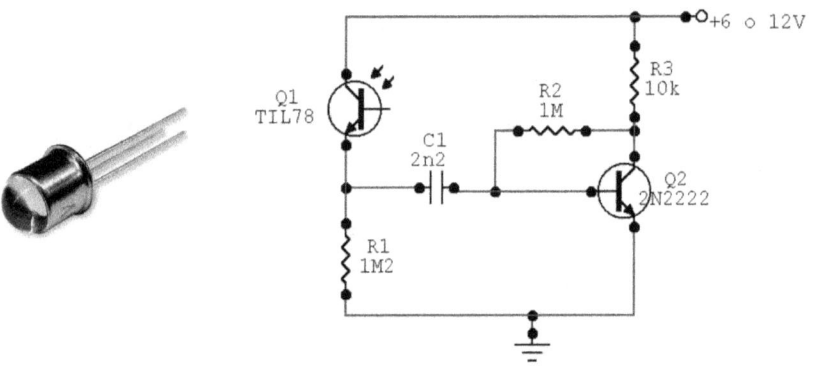

Izq.: Fototransistor   Der.: Circuito con fototransistor (Q1)

Sensor de lluvia

A modo de ejemplo, un sensor de lluvia está formado por un diodo emisor de luz infrarroja y un fotodiodo para detectar la cantidad de luz emitida que el vidrio refleja. La luz infrarroja se emite a través del cuerpo del sensor con un ángulo preciso, se refleja dentro del vidrio del parabrisas y vuelve al fotodiodo. Cuando empieza a

174

llover, las gotas que caen sobre el vidrio hacen que parte de la luz se refracte y que menos luz vuelva reflejada al fotodiodo. A medida que la lluvia arrecia, la cantidad de luz que vuelve reflejada a la superficie del detector disminuye. Llega un momento en que la corriente de salida es inferior a un umbral definido y el sensor indica "lluvia". Cuando un microcontrolador recibe esta señal, el sensor activa los brazos portaescobillas y regula su velocidad.

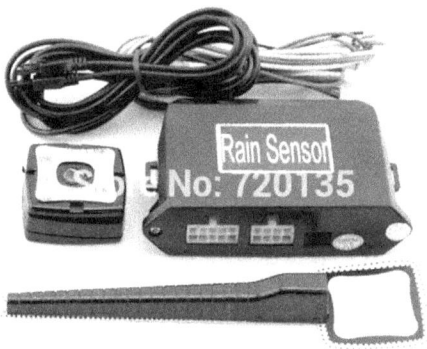

Kit sensor de lluvia

Termistores o resistencias NTC

Un termistor es un sensor resistivo de temperatura. Su funcionamiento se basa en la variación de la resistividad que presenta un semiconductor con la temperatura. El término termistor proviene de Thermally Sensitive Resistor. Existen dos tipos de termistor:

- NTC (Negative Temperature Coefficient) – coeficiente de temperatura negativo.
- PTC (Positive Temperature Coefficient) – coeficiente de temperatura positivo.

Cuando la temperatura aumenta, los tipo PTC aumentan su resistencia y los NTC la disminuyen. Las aplicaciones del termistor en automóvil son fundamentalmente monitorizar la temperatura del aceite y del refrigerante y en algunas ocasiones también de la batería.

Sensor de temperatura

Diodos Gunn

Es una forma de diodo usado en la electrónica de alta frecuencia. A diferencia de los diodos ordinarios construidos con regiones de dopaje P o N, solamente tiene regiones del tipo N, razón por lo que impropiamente se le conoce como diodo. Existen en este dispositivo tres regiones; dos de ellas tienen regiones tipo N fuertemente dopadas y una delgada región intermedia de material ligeramente dopado. Cuando se aplica un voltaje determinado a través de sus terminales, en la zona intermedia el gradiente eléctrico es mayor que en los extremos. Finalmente esta zona empieza a conducir esto significa que este diodo presenta una zona de resistencia negativa. La frecuencia de la oscilación obtenida a partir de este efecto, es determinada parcialmente por las propiedades de la capa o zona intermedia del diodo, pero también puede ser ajustada exteriormente. Los diodos Gunn son usados para construir osciladores en el rango de frecuencias comprendido entre los 10 Giga Hertz y frecuencias aún más altas (hastaTerahertz). Este diodo se usa en combinación con circuitos resonantes construidos con guías de ondas, cavidades coaxiales y resonadores YIG (monocristal de granate Itrio y hierro, Yttrium Iron Garnet por sus siglas en inglés) y la sintonización es realizada mediante ajustes mecánicos, excepto en el caso de los resonadores YIG en los cuales los ajustes son eléctricos. El diodo Gunn es utilizado en los automóviles en los sistemas de alarma y en los novedosos sistemas de detección de otros vehículos o de radar que incorporan algunos automóviles para facilitar el adelantamiento o aparcamiento. La mejora de este diodo ha contribuido a que pueda ser utilizado en los sistemas anteriormente mencionados.

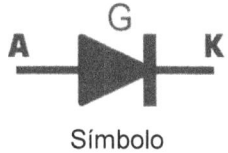

Símbolo

Unidad Procesadora Central (UPC)

Este es el "cerebro" del sistema de inyección de gasolina y se conoce también como "Unidad de Control Electrónica" o ECU del acrónimo en inglés "Electronic Control Unit". Es común oír términos muy ensalzados para nombrar esta unidad electrónica, como "computadora" u "ordenador", cuando en realidad solo es un generador de pulsos cuya frecuencia y duración pueden controlarse. Porque así es, la UPC lo que hace es generar un pulso eléctrico que sirve para abrir el inyector durante un tiempo y momento determinados, en consecuencia con variables simples como voltaje o resistencia eléctrica procedentes de los sensores.

Esto no quiere decir que sea "una caja con cuatro cables" pero tampoco, ni remotamente, tiene el alcance de una real computadora u ordenador tal y como se usa el concepto. Esta tendencia parece ser consecuencia de la intención comercial de algunos talleres de mecánica, a los que le conviene la "oscuridad" y "complejidad" elevada de algo simple, a fin de intimidar a los automovilistas para su conveniencia. Lo cierto es que con el manual del automóvil en cuestión, un simple multímetro y algo de conocimiento de electricidad puede diagnosticarse perfectamente el sistema de inyección en caso de fallo, que casi siempre se debe al fallo de algún sensor. Si alguna inteligencia tiene le UPC es que puede ignorar el, o los sensores que se averíen o que den valores fuera de lo normal y continuar con el tiempo de apertura básico que trae por defecto, utilizando solo la señal procedente de la mariposa de aceleración.

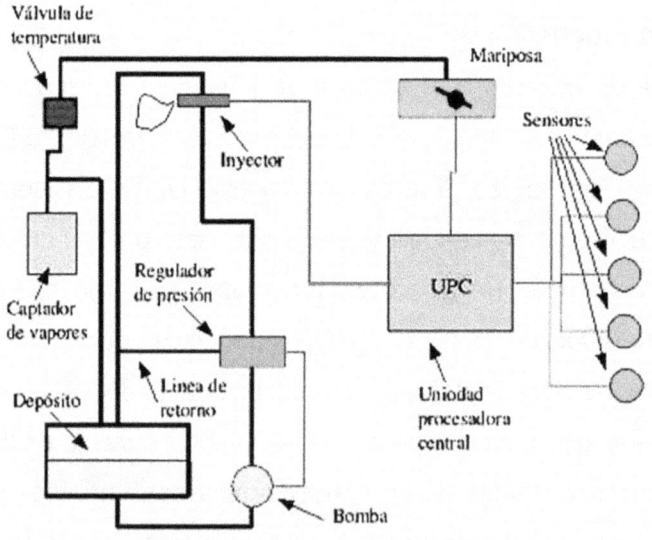

UPC en un circuito de control y procesos

Encendido electrónico

Encendido convencional (por ruptor)

Este sistema es el más sencillo de los sistemas de encendido por bobina, en el, se cumplen todas las funciones que se le piden a estos dispositivos. Está compuesto por los siguientes elementos que se van a repetir parte de ellos en los siguientes sistemas de encendido más evolucionados que estudiaremos más adelante.

Bobina de encendido (también llamado transformador): su función es acumular la energía eléctrica de encendido que después se transmite en forma de impulso de alta tensión a través del distribuidor a las bujías.

Resistencia previa: se utiliza en algunos sistemas de encendido (no siempre). Se pone en cortocircuito en el momento de arranque para aumentar la tensión de arranque.

Ruptor (también llamado platinos): cierra y abre el circuito primario de la bobina de encendido, que acumula energía eléctrica con los contactos del ruptor cerrados que se transforma en impulso de alta tensión cada vez que se abren los contactos.

Condensador: proporciona una interrupción exacta de la corriente primaria de la bobina y además minimiza el salto de chispa entre los contactos del ruptor que lo inutilizarían en poco tiempo.

Distribuidor de encendido (también llamado delco): distribuye la alta tensión de encendido a las bujías en un orden predeterminado.

Variador de avance centrífugo: regula automáticamente el momento de encendido en función de las revoluciones del motor.

Variador de avance de vació: regula automáticamente el momento de encendido en función de la carga del motor.

Bujías: contiene los electrodos que es donde salta la chispa cuando recibe la alta tensión, además la bujía sirve para hermetizar la cámara de combustión con el exterior.

1.- Terminal de conexión
2.- Aislador de cerámica
3.- Cuerpo
4.- Zona de contracción térmica
5.- Vidrio conductor
6.- Junta anular
7.- Electrodo central Ni/Cu
8.- Electrodo de masa

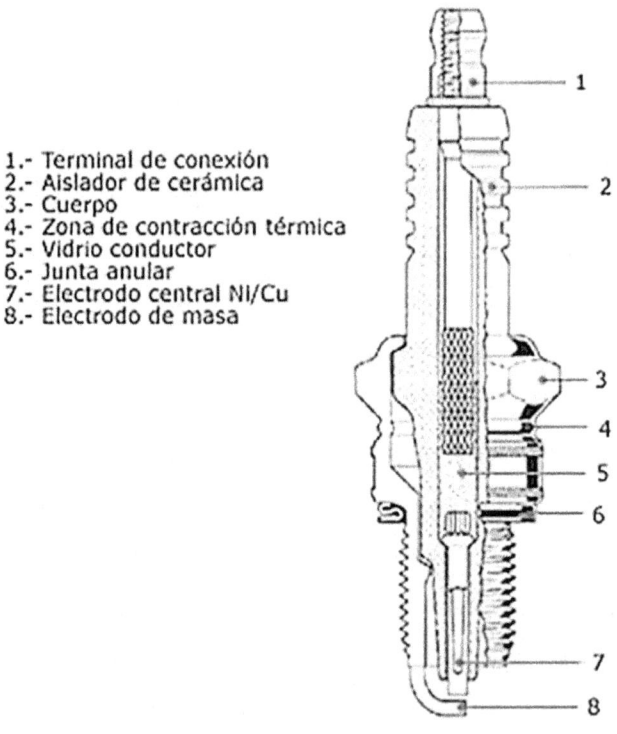

Sección de una bujía de encendido

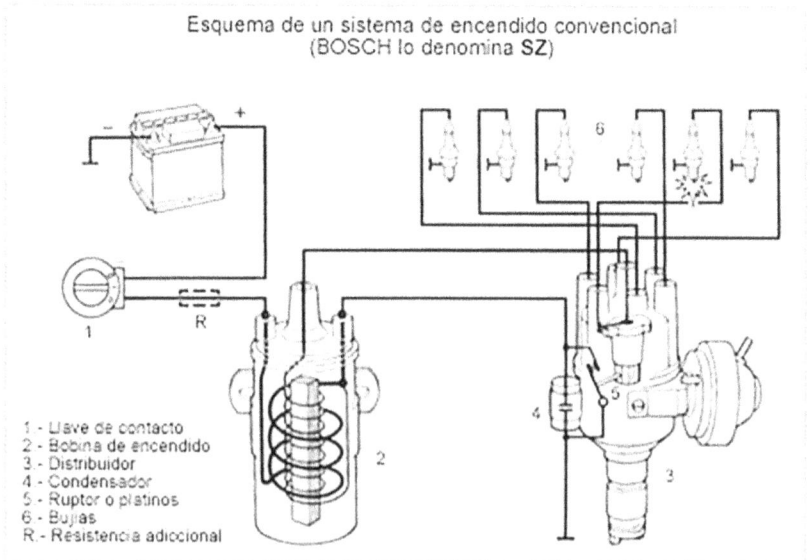

Esquema de un sistema de encendido convencional
(BOSCH lo denomina SZ)

1 - Llave de contacto
2 - Bobina de encendido
3 - Distribuidor
4 - Condensador
5 - Ruptor o platinos
6 - Bujías
R.- Resistencia adicional

Funcionamiento

Una vez que giramos la llave de contacto a posición de contacto el circuito primario es alimentado por la tensión de batería, el circuito primario está formado por el arrollamiento primario de la bobina de encendido y los contactos del ruptor que cierran el circuito a masa. Con los contactos del ruptor cerrados la corriente eléctrica fluye a masa a través del arrollamiento primario de la bobina. De esta forma se crea en la bobina un campo magnético en el que se acumula la energía de encendido. Cuando se abren los contactos del ruptor la corriente de carga se deriva hacia el condensador que está conectado en paralelo con los contactos del ruptor. El condensador se cargara absorbiendo una parte de la corriente eléctrica hasta que los contactos del ruptor estén lo suficientemente separados evitando que salte un arco eléctrico que haría perder parte de la tensión que se acumulaba en el arrollamiento primario de la bobina. Es gracias a este modo de funcionar, perfeccionado por el montaje del condensador, que la tensión generada en el circuito primario de un sistema de encendido puede alcanzar momentáneamente algunos centenares de voltios.

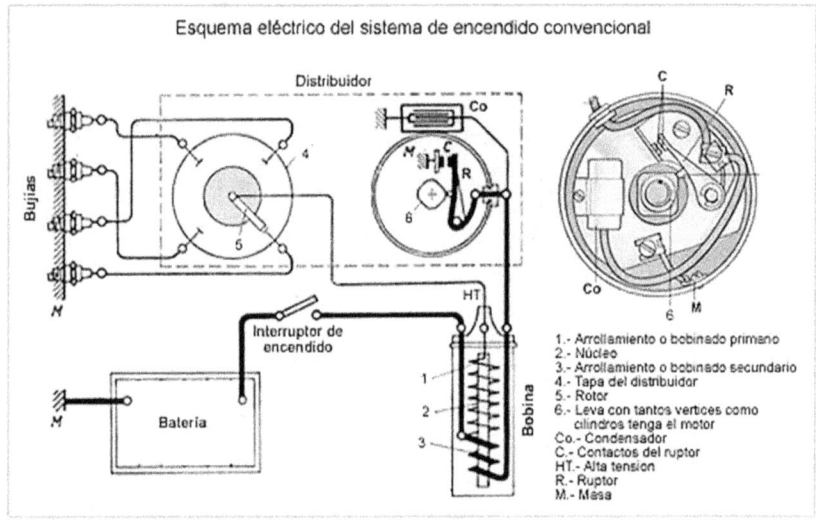

Esquema eléctrico del sistema de encendido convencional

Debido a que la relación entre el número de espiras del bobinado primario y secundario es de 100/1 aproximadamente se obtienen tensiones entre los electrodos de las bujías entre 10 y 15000 Voltios. Una vez que tenemos la alta tensión en el secundario de la bobina esta es enviada al distribuidor a través del cable de alta tensión que une la bobina y el distribuidor. Una vez que tenemos la alta tensión en el distribuidor pasa al rotor que gira en su interior y que distribuye la alta tensión a cada una de las bujías.

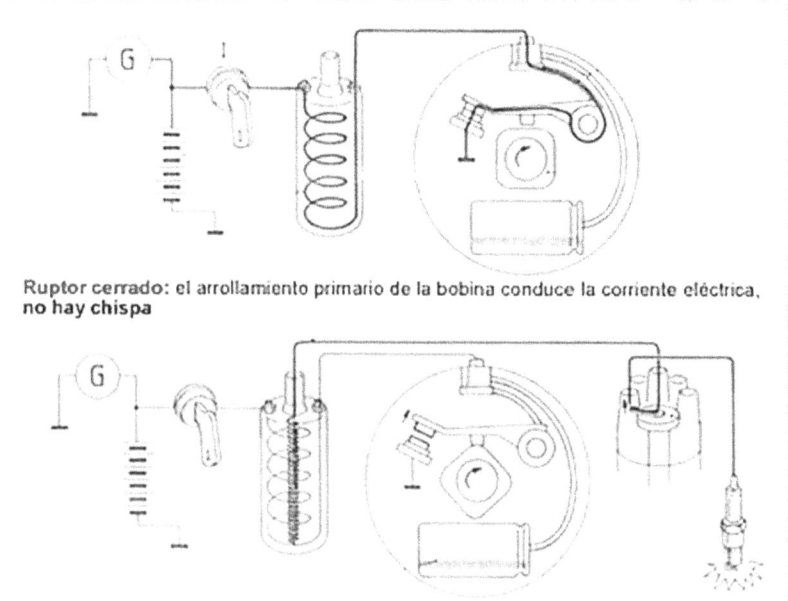

Ruptor cerrado: el arrollamiento primario de la bobina conduce la corriente eléctrica, no hay chispa

Ruptor abierto: se corta la corriente eléctrica por el arrollamiento primario de la bobina y se induce alta tensión en el arrollamiento secundario de la bobina, si hay chispa

El distribuidor

Es el elemento más complejo y que más funciones cumple dentro de un sistema de encendido. El distribuidor reparte el impulso de alta tensión de encendido entre las diferentes bujías, siguiendo un orden determinado (orden de encendido) y en el instante preciso.

Funciones

Abrir y cerrar a través del ruptor el circuito que alimenta el arrollamiento primario de la bobina.

Distribuir la alta tensión que se genera en el arrollamiento secundario de la bobina a cada una de las bujías a través del rotor y la tapa del distribuidor.

Avanzar o retrasar el punto de encendido en función del nº de revoluciones y de la carga del motor, esto se consigue con el sistema de avance centrífugo y el sistema de avance por vacío respectivamente. El movimiento de rotación del eje del distribuidor le es transmitido a través del árbol de levas del motor. El distribuidor lleva un acoplamiento al árbol de levas que impide en el mayor de los casos el erróneo posicionamiento. El distribuidor tiene en su parte superior una tapa de material aislante en la que están labrados un borne central y tantos laterales como cilindros tenga el motor. Sobre el eje que mueve la leva del ruptor se monta el rotor o dedo distribuidor, fabricado en material aislante similar al de la tapa. En la parte superior del rotor se dispone una lámina metálica contra la que se aplica el carboncillo empujado por un muelle, ambos alojados en la cara interna del borne central de la tapa. La distancia entre el borde de la lámina del rotor y los contactos laterales es de 0,25 a 0,50 mm. Tanto el rotor como la tapa del distribuidor, solo admiten una posición de montaje, para que exista en todo momento un perfecto sincronismo entre la posición en su giro del rotor y la leva. Con excepción del ruptor de encendido, todas las piezas del distribuidor están prácticamente exentas de mantenimiento.

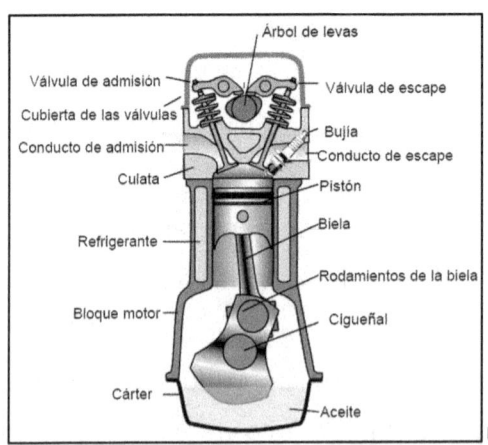

Ubicación de la bujía en el motor

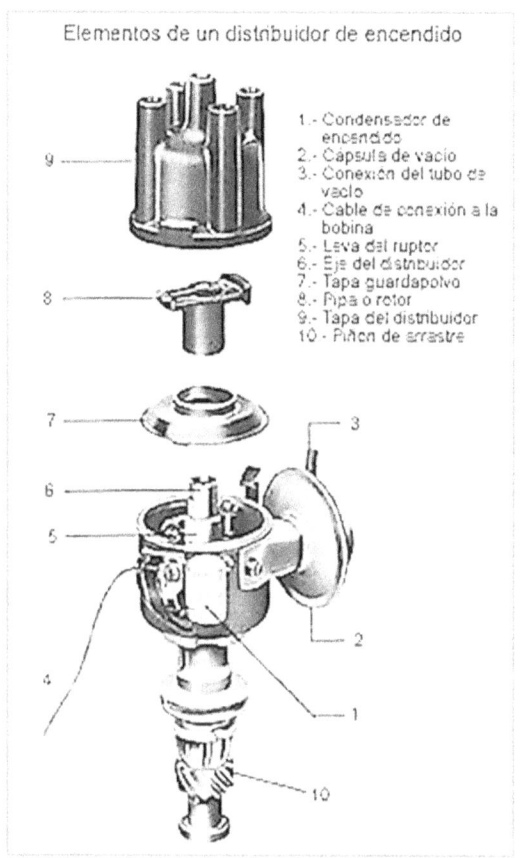

Elementos de un distribuidor de encendido

1.- Condensador de encendido
2.- Capsula de vacío
3.- Conexión del tubo de vacío
4.- Cable de conexión a la bobina
5.- Leva del ruptor
6.- Eje del distribuidor
7.- Tapa guardapolvo
8.- Pipa o rotor
9.- Tapa del distribuidor
10.- Piñon de arrastre

Tanto la superficie interna como externa de la tapa del distribuidor está impregnada de un barniz especial que condensa la humedad evitando las derivaciones de corriente eléctrica así como repele el polvo para evitar la adherencia de suciedad que puede también provocar derivaciones de corriente.

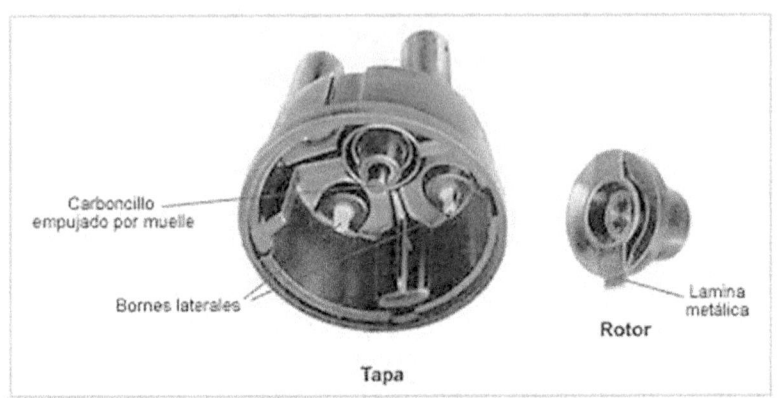

La interconexión eléctrica entre la tapa del distribuidor y la bobina, así como la salida para las diferentes bujías, se realiza por medio de cables especiales de alta tensión, formados en general por un hilo de tela de rayón impregnada en carbón, rodeada de un aislante de plástico de un grosor considerable. La resistencia de estos cables es la adecuada para suprimir los parásitos que afectan a los equipos de radio instalados en los vehículos.

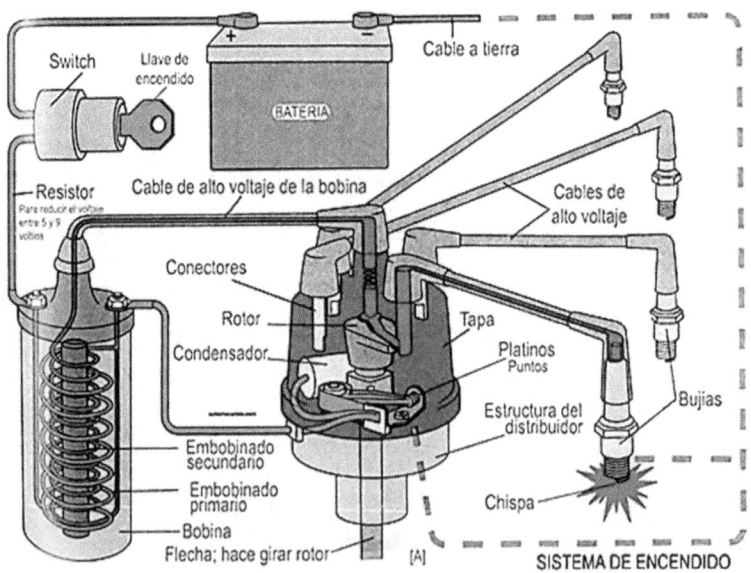

Circuito general encendido convencional

Con la aparición y desarrollo de los dispositivos semiconductores se comenzó una carrera de "electronificación" del sistema de encendido que lo ha convertido en la actualidad en uno de los sistemas con menor posibilidad de fallo y más larga vida del automóvil, además de ser absolutamente libre de mantenimiento. Todavía en algunos modelos de automóviles se conserva el distribuidor, pero hay una marcada tendencia a su desaparición. Hagamos un breve recorrido por este desarrollo. En el sistema clásico el contacto tienen que manejar plenamente la corriente del primario de la bobina de encendido. Esta corriente no es muy alta, pero como el contacto la interrumpe miles de veces por minuto en el motor policilíndrico en marcha normal, el pequeño chisporroteo que se produce al abrir el contacto termina desgastándolo, por lo que es necesario de vez en vez, limarlo o sustituirlo por uno nuevo así como reajustar la distancia de apertura al valor adecuado. Cuando este contacto "se quema" un poco, la potencia de la chispa se reduce y puede, en caso grave, producir fallos y hasta detener el motor. Poco después de que el transistor era un dispositivo semiconductor terminado y confiable, comenzó a utilizarse para alargar en mucho la vida de los contactos y reducir la posibilidad de fallo. Aunque la práctica demuestra que no es así, teóricamente los componentes electrónicos no tiene por qué fallar, no hay desgaste, no hay movimiento no hay factores externos mecánicos que lo perjudiquen si se mantienen a la temperatura y humedad debidas. También la práctica ha demostrado que en cualquier caso tienen una vida muy larga.

El funcionamiento de la "transistorización" del encendido, es un contacto que abre y cierra para producir el alto voltaje en la bobina de encendido, solo maneja la pequeñísima corriente de base del transistor, y es este último, el que se ocupa de interrumpir la corriente del primario.

Funcionamiento

La estructura básica de un sistema de encendido electrónico (figura de la derecha), donde se ve que la corriente que atraviesa el primario de la bobina es controlada por un transistor (T), que a su vez está controlado por un circuito electrónico, cuyos impulsos de mando determinan la conducción o bloqueo del transistor. Un generador de impulsos (G) es capaz de crear señales eléctricas en función de la velocidad de giro del distribuidor que son enviadas al formador de impulsos, donde debidamente conformadas sirven para la señal de mando del transistor de conmutación. El funcionamiento de este circuito consiste en poner la base de transistor de conmutación a masa por medio del circuito electrónico que lo acompaña, entonces el transistor conduce, pasando la corriente del primario de la bobina por la unión emisor-colector del mismo transistor. En el instante en el que uno de los cilindros del motor tenga que recibir la chispa de alta tensión, el generador G crea un impulso de tensión que es enviado al circuito electrónico, el cual lo aplica a la base del transistor, cortando la corriente del primario de la bobina y se genera así en el secundario de la bobina la alta tensión que hace saltar la chispa en la bujía. Pasado este instante, la base del transistor es puesta nuevamente a masa por lo que se repite el ciclo.

Estructura básica de un encendido electrónico

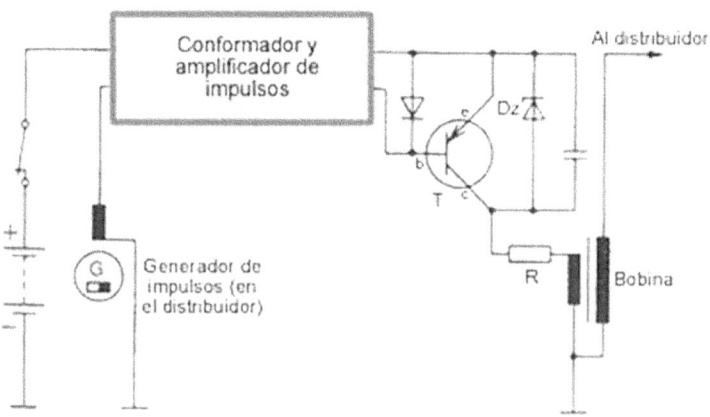

Un encendido electrónico está compuesto básicamente por una etapa de potencia con transistor de conmutación y un circuito electrónico formador y amplificador de impulsos alojados en la centralita de encendido (4), al que se conecta un generador de impulsos situado dentro del distribuidor de encendido (4). El ruptor en el distribuidor es sustituido por un dispositivo estático (generador de impulsos), es decir sin partes mecánicas sujetas a desgaste. El elemento sensor detecta el movimiento del eje del distribuidor generando una señal eléctrica capaz de ser utilizada posteriormente para comandar el transistor que pilota el primario de la bobina. Las otras funciones del encendido quedan inmóviles conservando la bobina (2), el distribuidor con su sistema de avance centrífugo y sus correcciones por depresión.

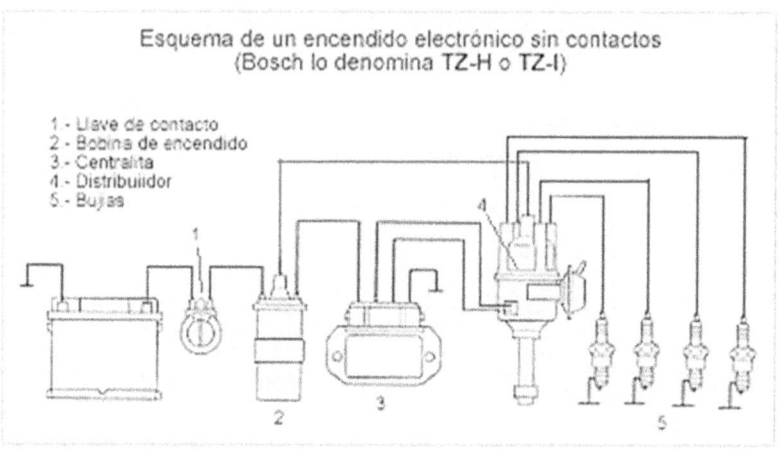

Esquema de un encendido electrónico sin contactos
(Bosch lo denomina TZ-H o TZ-I)

1 - Llave de contacto
2 - Bobina de encendido
3 - Centralita
4 - Distribuidor
5 - Bujías

Desaparece el contacto

De todas formas el contacto es un eslabón débil de la cadena, aunque con el uso del transistor su vida se alargue desde el punto de vista eléctrico, todavía resulta ser una pieza en movimiento, con una parte que se desliza por la leva que lo abre y cierra y con la posibilidad de la introducción de suciedades entre las superficies de contacto. Esto hace que de todas formas el desgaste esté presente como un factor de sustitución o fallo más o menos tarde o temprano, por eso los fabricantes de sistemas de encendido encontraron las formas de eliminar este contacto usando otros artificios eléctricos. Para sustituir el contacto solo necesitamos algún dispositivo que pueda conectar y desconectar la corriente de base del transistor de manera brusca (como un pulso eléctrico) ya que este se encarga del resto del trabajo. En este momento se separan los caminos, algunos fabricantes se decidieron por un método y otros por otro; veamos:

Método foto-electrónico

Los LEDs son dispositivos que pueden generar luz o rayos infrarrojos casi instantáneamente cundo se les aplica corriente, su velocidad de respuesta al contrario de las luces incandescentes es muy rápida, lo mismo ocurre con los foto-diodos, dispositivos que conducen la electricidad cuando son iluminados con rayos de luz o infrarrojos y no lo hacen cuando están en la oscuridad, es decir el efecto contrario al LED. Estas posibilidades tecnológicas sugieren que si conectamos corriente a un LED y con él iluminamos un foto-diodo tendremos algo como un contacto cerrado, si interponemos un objeto opaco entre ellos, el foto-diodo queda a oscuras y no conduce, lo que representa el mismo contacto abierto. La velocidad de respuesta de ambos dispositivos es muy rápida por lo que puede resultar efectivo para nuestro sistema de encendido.

Método de inducción

Cuando cambia el valor del campo magnético a que está sometido una bobina, en ella se induce un voltaje que dependerá de la magnitud del cambio por unidad de tiempo y del número de vueltas de la bobina. En este principio se basan los transformadores incluyendo nuestra bobina de encendido. Si construimos un pequeño generador con tantas zapatas polares como bujías tenga el motor y sincronizado con su giro, podremos generar un pulso de voltaje cada vez que sea necesario y enviar este pulso a la base del transistor, de manera que en este caso, como en los anteriores, el transistor se ocupe de producir e interrumpir la corriente en el circuito primario de la bobina en el momento justo que hace falta para producir la chispa en la bujía.

En otros casos el rotor y sus zapatas polares no están imantados, la bobina está energizada con electricidad y el simple hecho de que pase frente a ella un cuerpo ferromagnético hace un cambio en el flujo electromagnético del núcleo y con ello, una pequeña variación del voltaje en la bobina. Este cambio se procesa en un circuito electrónico con el uso de comparadores y se genera el pulso que irá a parar a la base del transistor.

Método a efecto Hall

Este método se basa en el efecto hall, en este caso un aro dentado y magnetizado de manera que cada diente constituye una zona imantada, gira como en el caso anterior, frente a un sensor Hall, el voltaje producido por el sensor se amplifica, se convierte en un pulso bien definido y se aplica a la base del transistor.

Sin distribuidor

El desarrollo del sistema de encendido no se detiene cuando se logran los sistemas sin contacto. Todavía queda el distribuidor, aunque este dispositivo, electronificado, ha hecho al sistema de encendido muy seguro y duradero, todavía quedan "factores de riesgo" de fallo. El distribuidor es un pequeño aparato y maneja voltajes de decenas de miles de voltios con los consecuentes problemas de aislamiento. Conserva aún varias piezas en movimiento con el consecuente desgaste y que con el uso pueden introducir errores en el tiempo de generación adecuado de la chispa. Aún conserva los dispositivos de avance al encendido que son componentes mecánicos y que con el uso y el tiempo pueden alterar la exactitud de la generación de la chispa. Después de convertirse en un modo común de alimentación con combustible del motor la inyección de gasolina, se había incorporado al automóvil una unidad de control electrónica para manejar las complejidades de este sistema. Agregando algunos componentes más a este módulo electrónico podía hacerse desaparecer el distribuidor.

Encendido sin distribuidor
Cuando se habla en detalle hay muchas maneras usadas por los fabricantes de motores de gasolina para este propósito.
Lo representado como módulo de encendido incluye la bobina de encendido y su circuito de generación del alto voltaje. De estos módulos de encendido salen los cables para las distintas bujías. Tres sensores le envían a la unidad procesadora central (UPC) los datos que necesita para decidir el momento más adecuado en que debe enviar los pulsos a los módulos de encendido para producir las chispa en las bujías. Es común que se use la señal procedente del sensor de temperatura del motor para refinar con más exactitud este momento.

Veamos la función de cada sensor
El sensor de posición del cigüeñal sirve para determinar la posición del pistón. De esta forma la UPC puede generar la chispa con el ángulo de avance calculado por ella.
El ángulo de avance al encendido depende de la velocidad de giro del motor, con la información proporcionada por el sensor de

velocidad de rotación del motor, la UPC puede tomar las decisiones en ese sentido. Este ángulo de avance también depende del nivel de llenado del cilindro, la información brindada por el sensor de la presión absoluta del conducto de admisión, da a la UPC la información necesaria para proceder. El desarrollo, miniaturización y el decreciente costo de complejos microprocesadores han permitido que por la vía electrónica se planifique y ejecute el encendido con mucha precisión prescindiendo del distribuidor. Para estos sistemas ya no puede trabajarse con "pinza y destornillador" como en el sistema clásico y hasta el transistorizado, en este caso se requiere conocer las particularidades del sistema en cuestión, debido a que hay varias variantes, y además contar con los aparatos de diagnóstico especializados en muchos casos. Son sistemas muy seguros pero de todas maneras fallan alguna vez, y la reparación se limita a sustituir los módulos enteros.

Encendido sin cables

Los fabricantes no se han limitado a sacar de servicio el distribuidor, sino que también, han eliminado los cables de alta tensión, en este caso los módulos de encendido junto a la bobina forman un conjunto integrado en un solo cuerpo donde se acopla cada bujía. Evidentemente el motor contará con tantos de estos módulos integrados como cilindros tenga el motor.

Suspensión electrónica

Esta suspensión está constituida por una suspensión mecánica por muelles, cuya regulación del nivel trasero de la carrocería se realiza hidráulicamente de forma mecánica.

Según la carga, se regula la altura y, según los sensores de frenado, aceleración, ángulo y velocidad de giro de la dirección y velocidad del vehículo, el calculador electrónico varía el tarado de los amortiguadores.

Gestión electrónica de la suspensión

La suspensión está gobernada por una centralita electrónica o unidad de control que gestiona los amortiguadores en tiempo real sobre las cuatro ruedas.

La suspensión puede funcionar teniendo en cuenta dos lógicas de funcionamiento, auto y sport, operando sobre los amortiguadores que pueden trabajar con tarados blandos o rígidos.

En las modalidad auto, el sistema regula automáticamente los amortiguadores transformándolos de suaves a rígidos y viceversa, en función de las informaciones suministradas por los sensores que estudian las condiciones de marcha.

En la modalidad sport, el tarado de los amortiguadores es siempre para una conducción deportiva sin compromisos con una suspensión confortable.

La centralita controla la dureza de los amortiguadores teniendo en cuenta la información que recibe los sensores, con velocidades inferiores a 5 km/h no excita las electroválvulas que gobiernan los amortiguadores por lo que la suspensión se pone en modalidad

HARD (dura), para velocidades entre 5 y 20 km/h, se excitan las electroválvulas y la suspensión se pone en modalidad SOFT (suave). Con velocidades superiores a 180 km/h se activa la modalidad HARD.

Si el conductor elige la modalidad SPORT desde el cuadro de instrumentos, la centralita no alimenta las electroválvulas por lo que la suspensión se mantendrá en la modalidad HARD.

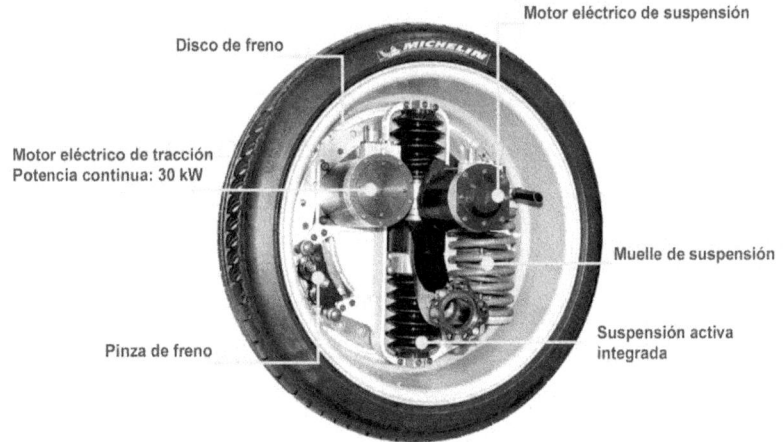

Sistema controlado mediante sensores

La centralita recibe información de diferentes sensores, estos son:

- Sensor de aceleración: sirve para detectar las aceleraciones verticales de la carrocería.

- Sensor tacométrico: mide el número de revoluciones a la salida de la caja de cambios.

- Sensor de frenado: está colocado en la bomba de frenos y se trata de un contacto normalmente abierto, que se cierra cuando la presión de frenado alcanza un valor de 10 bar.

- Sensor de velocidad y ángulo de rotación del volante: su función es detectar la posición angular del volante, así como la velocidad con la cual se alcanza esta posición.

Dirección electrónica

Aunque las conexiones completamente eléctricas (by wire) en los mecanismos del automóvil son cada vez más frecuentes, hay ciertas funciones que se resisten a abandonar las transmisiones puramente mecánicas. Incluso por ley puesto que, por ejemplo los frenos, deben según el reglamente europeo disponer de una transmisión mecánica, donde el pedal ejerce una transmisión mecánica sobre las pastillas. Otro caso es el volante, en el que una barra de dirección actúa sobre los engranajes de la dirección. Nissan está desarrollando una dirección totalmente electrónica Steer-by wire, en el que un sensor detecta los movimientos que aplicamos en el volante y los manda a procesar a una centralita. Ésta a su vez manda que un motor eléctrico imprima el ángulo apropiado a la rueda para realizar el giro.

El sistema tiene por otro lado un efecto de información "de retorno" captando las sensaciones de la rueda sobre la carretera y transmitiéndoselas al conductor a través del volante. La ventaja de esta conexión electrónica con la calzada es que, cuando ésta presentara muchas irregularidades, no provocarían ningún golpe brusco en el volante ya que la centralita las "filtraría", transmitiendo solamente las informaciones de fuerza de giro o deslizamiento. La dirección electrónica corregiría a su vez las pérdidas de trayectoria debidas a una irregularidad de la calzada o al efecto del viento, actuando sobre las ruedas y volviendo automáticamente a la trazada original. También el sistema podría incluir más adelante una función de giro de emergencia que, a la manera de los frenos automáticos, cuando el coche detecta algún objeto en la calzada, la dirección evitaría por su parte la colisión. Para los más escépticos, decir que el sistema conservaría un árbol de dirección mecánico tradicional para caso en que, por fallo del sistema o de suministro eléctrico, podamos siempre actuar sobre las ruedas. Además esto último permitiría homologar esta dirección bajo la legislación vigente que, como ya se ha dicho, veta esta tecnología totalmente electrónica de los sistemas de frenos y dirección.

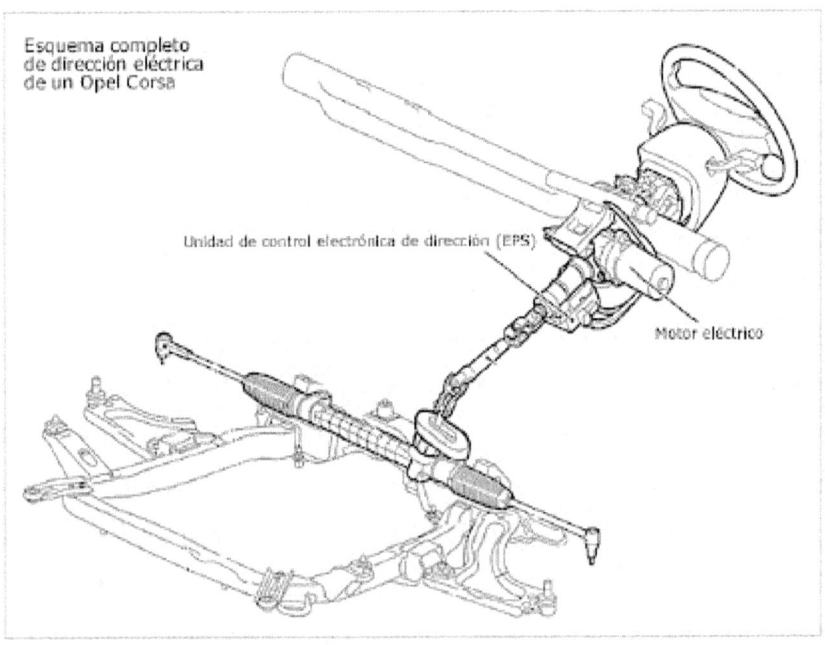

Esquema completo de dirección eléctrica de un Opel Corsa

Unidad de control electrónica de dirección (EPS)

Motor eléctrico

Frenos electrónicos

El sistema electrónico de frenos -a grandes rasgos- es un sistema dirigido por una unidad de control la cual mediante señales de los distintos sensores que posee a lo largo del vehículo, informan del estado del mismo. Así, dependiendo de dichas señales, mandará información electrónica a los frenos y de acuerdo a lo recibido, la frenada será más o menos fuerte, controlando en todo momento el porcentaje de frenada en cada una de las ruedas del automóvil. Debido a que la medida del porcentaje de frenado lo toma la unidad de control, el conductor lo único que debe hacer es frenar normalmente. La medida dependerá de muchos factores, como por ejemplo, el control de estabilidad, control de tracción, control ABS, control de dirección, etc. Gracias a estos puntos, se hace posible una frenada controlada tanto en distancia de frenada como en estabilidad del vehículo, independiente de cuál sea el estado de la carretera, por lo que es una gran ayuda a la hora de tener seguridad activa y eficiente. Por poner un ejemplo: es mejor tener una frenada a "golpes" que una frenada uniforme y seguida, ya que acortaremos la distancia de frenado y controlaremos mucho mejor el coche. Por ello, todos los sistemas en cuanto a frenos se refiere, van unidos entre sí para formar un conjunto equilibrado y muy eficaz. Los vehículos que no disponen de control electrónico de frenada, lógicamente, rinden menos que los que disponen de él. Un detalle a tener en cuenta es que si el sistema electrónico fallara siempre está el convencional, por lo que seguiríamos teniendo seguridad de frenado. Podemos decir llegado a este punto que el sistema electrónico de los vehículos es un gran avance, sobre todo porque entre las unidades de control de los demás sistemas de seguridad activa hay una comunicación constante entre ellas por lo que ganamos en seguridad. También tiene sus problemas añadidos, ya que seguimos teniendo los inconvenientes antiguos del sistema de frenos convencional, más los problemas electrónicos que puedan surgir, ya que si surge una dificultad de este tipo, lo normal es que el sistema en cuestión deje de funcionar dando paso al sistema convencional.

El ABS

El ABS (Anti-lock braking system) es un dispositivo que evita el bloqueo de las ruedas al frenar. Un sensor electrónico de revoluciones, instalado en la rueda, detecta en cada instante del frenado si una rueda está a punto de bloquearse. En caso afirmativo, envía una orden que reduce la presión de frenado sobre esa rueda y evita el bloqueo. El ABS mejora notablemente la seguridad dinámica de los coches, ya que reduce la posibilidad de pérdida de control del vehículo en situaciones extremas, permite mantener el control sobre la dirección (con las ruedas delanteras bloqueadas, los coches no obedecen a las indicaciones del volante) aunque la distancia de frenado siempre será algo superior. Se requieren de cuatro componentes para el funcionamiento de un sistema ABS:

Sensor de velocidad: Cada rueda del coche o bien el diferencial cuenta con un sensor de velocidad que determina cuando la rueda está a punto de bloquearse (detenerse totalmente).

Válvulas: Existe una válvula en cada línea de líquido de frenos para cada freno controlado por el ABS. Estas permiten presurizar o bien liberar presión en cada una de las ruedas según los requerimientos.

Bomba: Cuando se libera presión en los frenos mediante las válvulas, la bomba tiene la función de recuperar la presión.

Controlador: El controlador es una computadora que recibe señales de los sensores de velocidad de las ruedas y con esta información opera las válvulas.

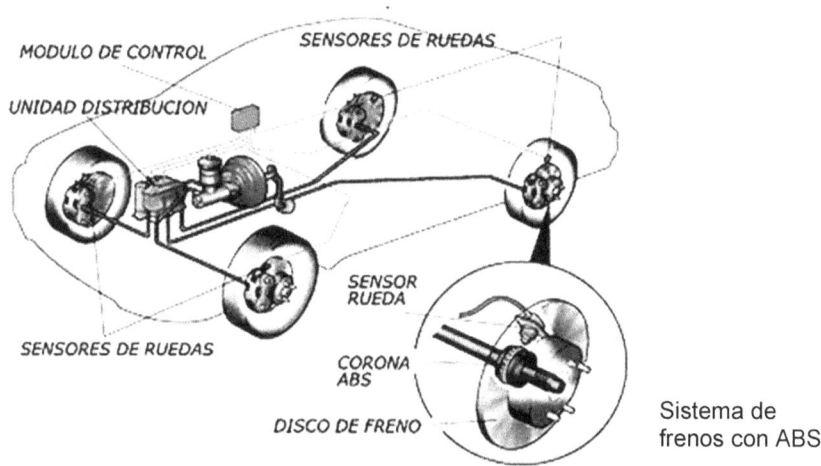

Sistema de frenos con ABS

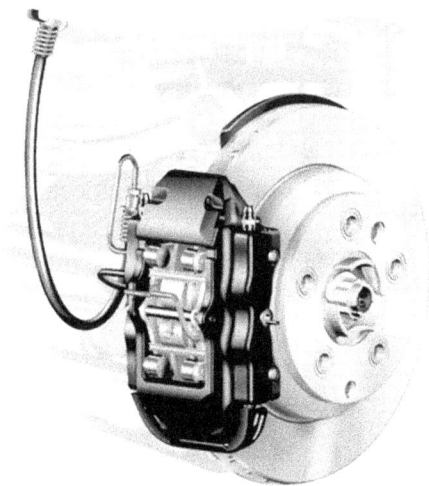

Detalle del freno ABS

Informática en el automóvil

Sistemas operativos

Así como las tablets y móviles incorporan un sistema operativo, los coches también comienzan a tener incorporado un sistema operativo que permite administrar las cada vez más numerosas funciones que tenemos a nuestra disposición. Entre estos sistemas operativos podemos citar:

1. Windows Embedded: como Microsoft Auto, que se usa en coches como el Nissan LEAF (coche 100% eléctrico).

2. Meego: basado en Linux, desarrollado entre intel y Nokia, presente en marcas como BMW (entre otras).

3. Android, desarrollado por Google para dispositivos portátiles, cada vez más presente en smartphones, y por ejemplo empleado en el Chevrolet Volt (disponible en Estados Unidos) o en el Opel Ampera (disponible en Europa), ambos coches eléctricos de autonomía extendida. Las principales funciones que pueden llevarse a cabo con estos sistemas se han ido ampliando al paso del tiempo. Las más comunes son:

- Conexión de otros dispositivos portátiles, y reproducción de archivos de música de múltiples formatos.
- Telefonía manos libres por bluetooth, con sincronización de la agenda.
- Navegación GPS, con información en tiempo real sobre tráfico y clima.
- Ayuda para emergencias (en caso de accidente).
- Localización y seguimiento del coche en caso de robo.
- Recepción de mensajes de texto y correos electrónicos.

- Lectura de noticias y otras fuentes de RSS, incluso navegación por Internet.
- Programas de detección de fallos y averías.

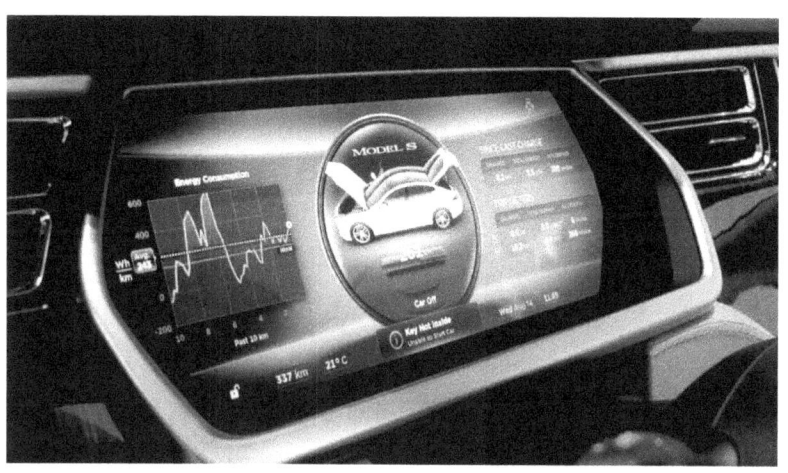

Captura pantalla GPS

Mantenimiento y reparación de averías

La gestión y la administración de mantenimiento cumplen con labores complejas como se puede observar, dado que en ella se ve reflejado la calidad de desarrollarse de forma equilibrada, estas garantizan una gestión verdaderamente eficiente y eficaz. El mantenimiento ha tomado varios conceptos y definiciones en los últimos años, podemos decir de forma generalizada que el mantenimiento, es una herramienta que ayuda mantener equipos máquinas o maquinarias, de modo que puedan prolongar su vida útil, y así asegurar o garantizar la funcionalidad y operatividad de las máquinas o equipos. La Administración del Mantenimiento consistió en planear, dirigir y controlar los recursos (personas, equipos, materiales) para afrontar las restricciones técnicas, de costo y de tiempo del sistema de mantenimiento. La Administración y el mantenimiento en el automóvil tiene el objetivo principal que es el de Proveer un control integral de las unidades automotrices reduciendo drásticamente los gastos de mantenimiento mediante un estricto control de la flotilla realizando Mantenimientos Preventivos, reduciendo los casos de Mantenimientos Correctivos y cubriendo aspectos como resguardos, seguros, Inventarios, control de gasolina, Kms recorridos, control de gastos con refacciones, control de garantías, verificaciones, cotizaciones, costos, siniestros, estadísticas, etc. El Mantenimiento se ve como una actividad desagradecida, pues sólo llama la atención cuando se producen problemas. Estos problemas, a su vez, suponen un gasto y es por ello por lo que el Mantenimiento lleva asociado la idea errónea de ser un coste para la organización, cuando realmente se podría considerar como una inversión de futuro. Una buena planificación del Mantenimiento de los Equipos, respetando un acuerdo entre coste y beneficio, entre cuánto gastar y qué se resuelve con ello, supone a largo plazo un ahorro económico derivado de la no necesidad de reposición de equipos de una mayor vida útil de los dispositivos. El Mantenimiento constituye una actividad esencial para alcanzar altos grados de eficacia en los sistemas productivos y así garantizar la ventaja competitiva tanto en los productos como en los servicios ofrecidos. Esa ventaja competitiva supone un valor añadido del que se habló en la definición de Calidad.

Algunas recomendaciones

- Carga de Batería: Si el automóvil no mantiene la carga del vehículo se debe revisar el voltaje, si esta menos de 14 voltios quiere decir que no está cargando. El voltaje del alternador tiene que ser de 14.5 voltios, si es menor se debe revisar si no hay falso contacto en el alternador. Es mejor no tratar de cargar un batería de acumulador para evitar una descarga peligrosa.

- Sistema de carga del automóvil. El mantenimiento es muy fácil, ya que prácticamente no hay que prestar ningún servicio a este sistema. También es muy fácil la localización de fallas en general, debido a que basta echar un vistazo a la luz de advertencia o al medidor en el tablero de instrumentos para determinar cuándo el sistema no está produciendo suficiente corriente. Aun si la luz o el medidor no está funcionando, la batería puede darle una advertencia: si el sistema de carga falla, ésta no tarda en descargarse. Sin embargo, una condición a la cual se le debe prestar atención es la incapacidad del regulador del voltaje para limitar el rendimiento del alternador. Sin una regulación, el alternador someterá la batería a una carga excesiva, cosa que puede echar a perder los componentes que usan electricidad.

- Descarga de la batería: En ocasiones la batería de nuestro auto se descarga sin motivo aparente, para poder comprobar si existe alguna fuga de energía podemos hacerlo con tan solo unos sencillos pasos. Para determinar que realmente haya una fuga de energía o corto circuito puedes hacer lo siguiente: Si su auto presenta descarga de batería durante el tiempo en que se encuentra apagado, por ejemplo durante la noche, empezaremos por desconectar el polo negativo de la batería durante este periodo, esto para descartar que la batería está siendo descargada por algún dispositivo eléctrico del auto. Si por la mañana al conectar el polo negativo nuevamente a la batería, esta mantuvo su carga, indudablemente tenemos una fuga de energía, esto significa que mientras permanecen conectados ambos polos a la batería el dispositivo que presenta fuga de energía la está descargando, pero cuando se desconecta un polo, esto ocasiona que se abra el circuito y no fluya corriente eléctrica. Por ejemplo, las bombillas y los fusibles que no pueden resistir una corriente excesiva se fundirán. Si se le suministra a la batería una corriente de carga excesiva, el electrólito (ácido sulfúrico) de la misma se evaporará con gran rapidez. A no ser que se advierta a tiempo la pérdida de electrólito, las placas secas se dañarán y la batería se agotará por completo. Una batería que reciba una carga excesiva puede explotar. En caso de que tenga una batería convencional, trate de desarrollar el hábito de quitar las tapas de las ventilas para comprobar el nivel del electrólito periódicamente (una o dos veces a la semana). Si con frecuencia halla que el electrolito tiene un nivel bajo, es probable que el sistema esté produciendo una sobrecarga. Aunque no se compruebe el nivel del electrólito, se percibirá el olor del gas que produce al evaporarse (huele a huevo podrido).La situación es totalmente diferente con una batería sellada, exenta de mantenimiento. El primer indicio de que una sobrecarga está destruyendo la batería se obtiene cuando el indicador de la batería adquiere un color amarillo pálido transparente; pero, cuando ocurre esto, ya es demasiado tarde. Sin embargo si su auto tiene un voltímetro o un amperímetro le será fácil advertir una condición de sobrecarga. Si el voltaje de la batería frecuentemente excede de14.5 voltios o si un amperímetro muestra lecturas continuas de carga alta, es probable que exista una condición de sobrecarga por lo que debe efectuarse una prueba básica de diagnóstico del sistema de carga continua.

- Fuga de energía de la batería: ¿Cómo Pruebo la Fuga de Energía? La prueba de fuga de batería determina si algún componente o circuito en un vehículo o camión está causando una fuga en la batería cuando todo está apagado. Esta prueba también se conoce como prueba de consumo con encendido fuera (IOD por sus siglas en inglés) o prueba descarga parásita. Esta prueba se puede efectuar siempre que exista alguna de las condiciones siguientes: 1.-Siempre que una batería está siendo descargada o cambiada (una fuga en la batería podría haber sido la causa de la carga o cambio de la misma). 2.- Asegurarse que todas las luces, accesorios y encendido están apagados. 3.- Revisa todas las puertas para cerciorarte que las luces interiores de cortesía (toldo) están apagadas. 4.- Desconecta el cable negativo de la batería. 5.- Conecta la lámpara de prueba al extremo del cable desconectado de la batería y al borne de la misma. 6.- La lámpara de prueba no debe encender. Si la lámpara enciende, la batería puede quedarse sin carga en varias horas.

Nota: Muchos componentes electrónicos consumen una pequeña cantidad de corriente de la batería continuamente con el encendido apagado. Estos componentes incluyen:

Relojes digitales.

Radios sintonizados electrónicamente por memoria de estación y circuitos de reloj (si el vehículo los tiene) debe asegurarse antes de desconectar la batería, que cuenta con el código del sistema de audio ya que en algunos vehículos al desconectar la batería y reconectarla nuevamente es solicitado este código de acceso.

Computadora de control del motor (si la tiene), a través de ligera fuga por los diodos.

El alternador a través de ligera fuga en diodos. Estos componentes pueden causar una lectura de voltaje total de la batería en un voltímetro si éste es conectado entre la terminal y el extremo del cable retirado de la batería. La mayoría de los fabricantes de antes no recomiendan usar un voltímetro para medir la fuga en una batería. La alta resistencia interna del voltímetro da por resultado una lectura falsa que no da al técnico la información de si existe o no un problema.

- Como Probar la Fuga De La Batería usando un Amperímetro: El empleo de un amperímetro es la forma más exacta para la prueba de una posible fuga de la batería, Conecta un amperímetro en serie entre la terminal de la batería y el cable desconectado, La fuga normal de una batería es entre 0.020a 0.030 amperes y cualquier fuga mayor de 0.050 amperes debe ser localizada y corregida. Muchos multímetros digitales tienen una escala de amperímetro que puede usarse para una prueba segura y exacta de la fuga eléctrica parásita anormal.

Precaución: Asegúrate de usar un amperímetro que tenga la suficiente escala para el amperaje esperado.

- Como Encontrar la fuente de un Fuga: Si existe una fuga, revisa y desconecta temporalmente los componentes siguientes: 1.- Luces bajo el cofre, Algunas luces bajo el cofre están energizadas todo el tiempo y enciden por medio de un interruptor de mercurio siempre que el cofre se abre. 2.- Luz del compartimento (cajuelita) de guantes. 3.- Luz de la cajuela. Si después de desconectar estos tres componentes, la fuga de la batería puede mantener la lámpara de prueba encendida o fuga más de 50 miliamperios, desconecta un fusible a la vez en la caja de fusibles hasta que se apague la luz. Si la lámpara de prueba se apaga después de desconectar un fusible, la fuente de la fuga se localiza en ese circuito en particular, según esté anotado en la caja de fusibles. Continúe desconectado el alambre del lado de corriente en la conexión de cada componente incluido en ese circuito en particular hasta que se apague la lámpara de prueba. La fuente de la fuga puede entonces ser identificada en un componente individual o parte de un circuito.

¿Qué debo hacer si la fuga de la batería existe aún después que todos los fusibles han sido desconectados? Si todos los fusibles han sido desconectados y la fuga persiste, la fuente de la misma debe estar entre la batería y la caja de fusibles. Las fuentes de fuga más comunes bajo el cofre incluyen lo siguiente: 1.- El alternador.

Desconecte los alambres del alternador y vuelva a probar, Si la lámpara de prueba se apaga, el problema es un (os) diodo (s) defectuosos en el alternador. 2.- El solenoide o relevador de la marcha o el alambrado cerca de sus componentes, Hay también una fuente común de fuga de batería debido a la alta corriente que fluye y calienta el alambre lo cual puede dañar al mismo alambre o a su aislamiento.

• Averías en el Motor de arranque: Antes de desmontar el motor de arranque del vehículo tendremos que asegurarnos de que el circuito de alimentación del mismo así como la batería están en perfecto estado, comprobando la carga de la batería y el buen contacto de los bornes de la batería, los bornes del motor con los terminales de los cables que forman el circuito de arranque. En el motor de arranque las averías que más se dan son las causadas por las escobillas. Estos elementos están sometidas a un fuerte desgaste debido a su rozamiento con el colector por lo que el vehículo cuando tiene muchos km: 100, 150, 200.000 km. esta avería se da con frecuencia. Las escobillas desgastadas se cambian por unas nuevas. Otras averías podrían ser las provocadas por el relé de arranque, causadas por el corte de una de sus bobinas. Se podrá cambiar solo el relé de arranque por otro igual, ya que este elemento está montado separado del motor. Pero en la mayoría de los casos si falla el motor de arranque, se sustituye por otro de segunda mano (a excepción si el fallo viene provocado por el desgaste de las escobillas).

- Comprobación del motor de arranque: Desmontando el motor de arranque del vehículo podemos verificar la posible avería fácilmente. Primero habría que determinar que elemento falla: el motor o el relé. El motor se comprueba fácilmente. si falla: conectando el borne de + de la batería al conductor que en este caso esta desmontado del borne inferior de relé y el borne - de la batería se conecta a la carcasa del motor (en cualquier parte metálica del motor). Con esta conexión si el motor está bien tendrá que funcionar, sino funciona, ya podemos descartar que sea fallo del relé de arranque. El relé se comprueba de forma efectiva: conectando el borne + de la batería a la conexión del relé (la conexión es el borne que recibe tensión directamente de la llave de contacto durante unos segundos hasta que arranca el motor térmico. del vehículo).

- Revisión del motor de arranque: Sacar la tapa posterior del motor de arranque. Desplazar la masa del motor de arranque, allí se encuentran los carbones empalmados. Tenemos carbones de polo positivo y negativo. Observar el cuerpo del motor de arranque, aquí encontramos las bobinas, cada una de ellas está unida a delgas, con ellas podemos medir continuidad de corriente para ver si no existe corto circuito. Dirigirse al inicio del motor de arranque, encontramos el piñón béndix, este es el encargado de transmitir el movimiento hacia el cigüeñal mediante su engrane con el volante de inercia. En la masa del motor de arranque encontramos también bobinados positivos y negativos.

Nota: El motor de arranque es un motor eléctrico que transforma la energía eléctrica en energía mecánica. El béndix es el encargado de transmitir todo el movimiento hacia el volante de inercia. Para motores de gran torque el motor de arranque presenta una secuencia de engranajes para aumentar su torque. Es importante tener un buen mantenimiento de la batería, esta puede tener defectos en el momento de pasar corriente al motor de arranque, esto puedo afectar su funcionamiento. No girar la llave a la posición de start si el vehículo se encuentra ya encendido, esto puede producir que el piñón béndix llegue a romperse. Si su motor de arranque se encuentra defectuoso es mejor reemplazarlo y no repararlo. Como en todo motor eléctrico de corriente continua para la transmisión de la electricidad es necesaria la presencia de un colector-permutador para el funcionamiento, y con ello el movimiento relativo entre este colector y las escobillas. Este movimiento de rozamiento con el agravante adicional del chisporroteo por alta corriente y cambio de delgas en el colector, hace que la vida de las escobillas sea relativamente corta, principal causa de fallo del motor de arranque. También se desgastan los contactos del relé, los casquillos o cojinetes de rozamiento donde gira el rotor y en menor cuantía que las escobillas, el propio colector. Otra causa de fallo menos frecuente es el fallo del mecanismo de rueda libre. No hay que hacer funcionar el motor de arranque en vacío durante mucho tiempo ya que este tipo de motores si funcionan en vacío tienden a embalarse y se destruyen. Solo hacer las comprobaciones durante unos pocos segundos.

- Fallo en el Alternador: Los procedimientos específicos para detectar una falla en el alternador, el regulador o los alambres resultan algo más difíciles que los procedimientos de mantenimiento y de localización de fallas en general, pero no son tan difíciles como muchos creen. Sólo en caso de que se descubra un defecto dentro del alternador es que la situación se complica; pero, aún entonces, se tienen dos opciones. Se puede cambiar el alternador (cosa que resulta fácil, aunque costosa) o puede desarmarlo, comprobar sus componentes internos y tratar de efectuar las reparaciones correspondientes para economizar dinero. Los mecánicos experimentados tienen la capacidad para realizar estas labores en algunos automóviles, pero hasta quienes tengan poca experiencia pueden intentar estas reparaciones (no tienen nada que perder).El único servicio de mantenimiento que se requiere consiste en inspeccionar la correa de mando. cosa que probablemente se realiza cada vez que se le presta servicio al sistema de enfriamiento.

- Mantenimiento de cargadores: Un cargador de baterías de automóvil no debe estar ocupando espacio en su garaje y solo utilizarse cuando su vehículo no arranque. Del mismo modo en que usted cuida con esmero de otros componentes de su coche, como los neumáticos, para evitar molestias y gastos de sustitución, también debe presar atención a la batería de su automóvil. Utilizar un cargador de baterías correcto puede ayudarle mucho. Si bien hay distintos tipos de baterías de coche, todos ellos requieren una recarga de vez en cuando. La amplia gama de CTEK es apropiada para el acondicionamiento, la carga y el mantenimiento de todo tipo de baterías de plomo. Un cargador de baterías de automóvil de 12 V probablemente satisfará sus necesidades, pero tiene una amplia gama para elegir. Un cargador de baterías de automóvil inteligente no solo carga, sino que ejecuta una serie de etapas adicionales, como el reacondicionamiento, para alargar la vida de la batería y mantenerla en condiciones óptimas. Si se han depositado sulfatos en las placas internas o si la batería se descarga porque solo se utiliza para viajes cortos o infrecuentes, un cargador de baterías inteligente de CTEK dará a su batería nuevos impulsos. MXS 3.6 – A pesar de ser uno de los modelos más básicos de CTEK, dispone de un completo ciclo de carga en 4 etapas, que incluyen funciones de desulfatación y carga de mantenimiento. MXS 5.0 – Otro puntero cargador, con ciclo de 8 etapas. Estas incluyen una función de reacondicionamiento especial y también ofrecen un diagnóstico de batería para que usted conozca el estado de carga y si la batería puede mantener la carga correctamente. Como todos los demás cargadores de CTEK, tiene un modo de carga optimizada para tiempo frío, que es cuando se necesita más energía. MXS 7.0 – Un gran cargador universal con algo más de potencia, que admite capacidades de batería de 14–150Ah y hasta 225Ah para mantenimiento. También es un cargador de baterías de 8 etapas y dispone de un modo de fuente de alimentación que permite desconectar la batería del vehículo sin que se pierdan configuraciones importantes. Estos son solo tres de los cargadores de baterías inteligentes de CTEK – haga clic aquí para ver más detalles y la gama de 12 V completa. No requieren conocimientos especializados para utilizarlos y también se pueden dejar conectados de forma segura durante largos períodos de tiempo, incluso meses, mientras hacen frente a las necesidades de la batería. Son totalmente automáticos y están protegidos frente a polaridad inversa y chispazos, de modo que podrá tener total confianza cualquiera que sea el cargador de baterías de automóvil de CTEK seleccionado.

- Control de las Bujías: Es el caso de las bujías, el elemento principal en la afinación. Están compuestas por: un electrodo metálico por el cual circula la corriente que produce la combustión aislada con porcelana. una parte metálica que funciona como electrodo de masa. el cuerpo de metal que sostiene todos estos elementos y se atornilla al motor. Las bujías que no están en buenas condiciones se conocen por el mal funcionamiento del vehículo: Dificultad para encender el coche. Baja potencia. Consumo excesivo.

- Los cables de las bujías. Si el vehículo anda a tirones como si pareciera que se está acabando el combustible es altamente probable que estén gastados los cables de las bujías, estos son muy fáciles de cambiar las bujías. Si no se enciende al arrancar = fallo en el sistema de precalentamiento. Vehículo diésel. Generalmente, este testigo se enciende algunos segundos cuando se da el contacto. Si no se enciende significa que hay un fallo en el sistema de precalentamiento del vehículo (excluida la inyección directa). Es necesario realizar un diagnóstico para encontrar la avería. El vehículo no arranca, arranca mal después del precalentamiento, emite mucho humo gris o vibraciones en el arranque. Las bujías de precalentamiento están desgastadas, hay que cambiarlas lo antes posible para seguir teniendo un buen arranque. También hay que comprobar el estado de desgaste de la batería. En función de la motorización, hay dos tipos de bujías: las bujías de encendido para los vehículos gasolina y las bujías de precalentamiento para los vehículos diésel.

- Caja de fusibles: En la mayoría de los automóviles modernos se encuentra una caja de fusibles para ciertas partes del motor, es importante revisar que estos no estén rotos, quemados o defectuosos.

- Cables del sistema eléctrico: La revisión de los cables del sistema eléctrico es importante, teniendo cuidado de que no se encuentren pelado, rasgados, o que no colisionen con la fajas de accesorios.

- Tablero: El tablero de control debe funcionar óptimamente, ya que con este veremos en funcionamiento del auto en todos sus aspectos, nivel de aceite, temperatura de aceite, refrigerante, nivel de combustible, RPM (revoluciones por minutos) cantidad de giros del cigüeñal del motor, velocímetro, indicadores de luces altas, bajas, direccionales, carga de batería; en algunos automóviles modernos los tableros de control traen diversos accesorios de control como el sistema de ABS, entre otros.

- Control de los frenos electrónicos: ¿Cómo saber si nuestro sistema electrónico de frenos está fallando? Los fallos electrónicos siempre van a venir señalados por alguna luz de avería en el sistema y siempre independiente el uno del otro. Es decir, que podemos tener una avería en el sistema ABS con una luz de aviso y aparte tener otra luz indicando fallo del sistema de tracción, por lo que estaremos en pre-aviso de que algún problema está afectando al sistema. Es muy importante saber que cuando la luz de avería se enciende hay que acudir al taller para hacer una revisión del sistema mediante una diagnosis electrónica y dependiendo de la avería, sabremos el verdadero problema y daremos con la mejor solución. Sin diagnosis no se puede saber qué es lo que le pasa al vehículo, simplemente sabremos que algo funciona mal. También podremos apreciar que el sistema empieza a tener problemas cuando escuchemos ruidos extraños al frenar, por lo que se recomienda acudir lo antes posible al taller, que aunque no sea nada siempre es conveniente hacer una mecánica de prevención. Las averías pueden ser variadas debido a que disponen de muchos sensores y actuadores, aunque lo que más cuesta en dinero posiblemente en todos los vehículos sean las unidades de control que, normalmente, están entre los 300€ en adelante, y la mano de obra dependiendo del elemento que esté mal. Hay algo de ventaja en cuanto a si nos podemos ahorrar algo de dinero en los materiales ya que se pueden utilizar piezas de desguace en buen estado, por lo que el coste de la reparación puede ser menor. Con respecto a lo anterior, es importante precisar que nos referimos a las piezas del sistema electrónico, puesto que no es nada recomendable comprar elementos de seguridad del vehículo en el desguace. Para un buen cuidado del sistema de frenos electrónico, siempre tenemos que hacer revisiones periódicas en el taller, verificando, sobre todo, el estado de las piezas de desgaste. Sería conveniente realizar el cambio del líquido de frenos periódicamente ya que el aceite del sistema se degrada con el tiempo, pierde cualidades y puede llegar a obstruir el sistema. Además, es importante mencionar que en los vehículos modernos, normalmente para un cambio de pastillas de freno o discos de freno, hay que utilizar una máquina de diagnosis ya que muchos de ellos disponen de pinzas de freno eléctricas por lo que si no es con la máquina, no se podrían realizar los cambios oportunos.

- Averías y mantenimiento del carburador: El carburador es el encargado de dosificar o regular la cantidad exacta de combustible que llega a los cilindros en cualquier régimen del motor, mediante una serie de conductos y pasos calibrados existentes en el interior del cuerpo del carburador. Dispone de una o varias entradas de aire en la parte central del cuerpo, haciendo un efecto "embudo", lo que favorece la entrada de aire y, a su vez, se mezcla con el combustible dependiendo de la succión que ejerza el aire cada vez que entra hacia los cilindros. Tiene una serie de tornillos de regulación tanto de caudal de combustible, como de suministro suplementario de aire, justamente para que puedan ser calibrados y así alcanzar la regulación óptima de aire-gasolina. En ocasiones puede suceder que el carburador se encuentre mal regulado. Esto es fácil de apreciar, ya que el motor no gira como debe y no tenemos la sensación de que el coche funcione bien. Además, podemos apreciar el fallo por el olor fuerte de los gases de escape: si huele mucho a gasolina y emite humo negro nos indica un exceso de regulación. Si el humo es con rachas azuladas puede indicarnos que tiene falta de regulación y fallos intermitentes al ralentí, así como falta de potencia.

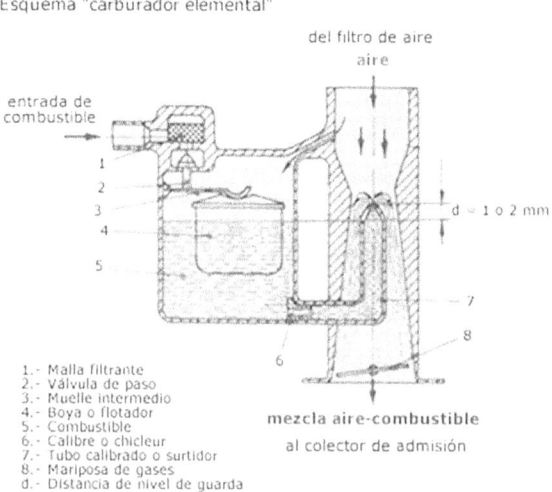

Esquema "carburador elemental"

del filtro de aire
aire

entrada de combustible

d = 1 o 2 mm

mezcla aire-combustible
al colector de admisión

1.- Malla filtrante
2.- Válvula de paso
3.- Muelle intermedio
4.- Boya o flotador
5.- Combustible
6.- Calibre o chicleur
7.- Tubo calibrado o surtidor
8.- Mariposa de gases
d.- Distancia de nivel de guarda

- Averías del carburador: Los fallos acusados por el carburador son múltiples y muy variados, así que comentaremos los más típicos:

Obstrucción de gasolina: El fallo en cuestión viene dado por partículas de suciedad que el filtro de gasolina no ha podido filtrar. En consecuencia tendremos falta de suministro de gasolina y puede ser en ralentí, en aceleración o a plena potencia, ya que interiormente el carburador dispone de circuitos de circulación independientes para cada situación. El fallo nos lo indicará cuando el motor necesite disponer de dicho circuito, por ejemplo si el motor tiene un ralentí bueno pero le cuesta mucho acelerar, sería indicativo de que el circuito de aceleración está embozado, al mismo tiempo si no aguanta el ralentí, quiere decir que es en el circuito de ralentí donde se encuentra la obstrucción.

Tirones del motor: Normalmente, los tirones del motor son producidos por falta de gasolina o por exceso de aire. Un fallo muy común es la toma de aire, normalmente producida por la junta del carburador con el colector de admisión.

Falta de potencia: La falta de potencia es producto de una mala regulación o de la obstrucción de alguno de sus circuitos internos. También puede producirse porque la regulación de la mariposa de gases no es la correcta o ha perdido ajuste por el desgaste.

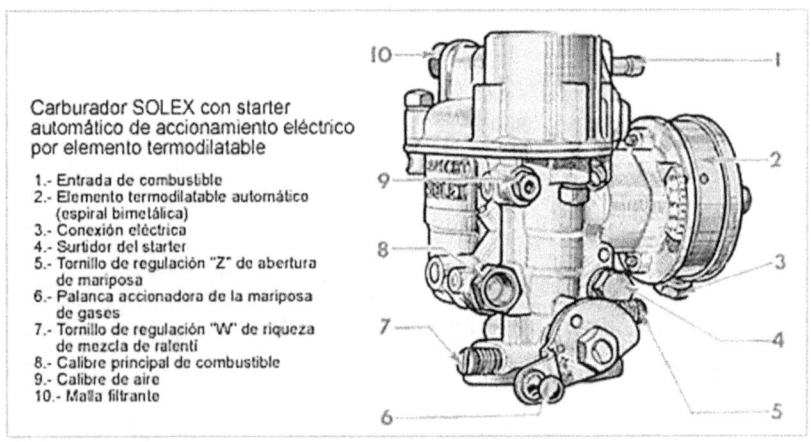

Carburador SOLEX con starter automático de accionamiento eléctrico por elemento termodilatable

1.- Entrada de combustible
2.- Elemento termodilatable automático (espiral bimetálica)
3.- Conexión eléctrica
4.- Surtidor del starter
5.- Tornillo de regulación "Z" de abertura de mariposa
6.- Palanca accionadora de la mariposa de gases
7.- Tornillo de regulación "W" de riqueza de mezcla de ralentí
8.- Calibre principal de combustible
9.- Calibre de aire
10.- Malla filtrante

Nota: La reparación del carburador es costosa, pero en comparación con los sistemas modernos, no tanto. Una reparación completa y ajuste del carburador puede costar a partir de 100€ y la mano de obra oscila entre 1 y 4 horas, siempre dependiendo de marca y modelo. Se puede sustituir por uno de segunda mano procedente de desguace siempre y cuando esté revisado, y ajustando después la dosificación.

Consejos para el correcto mantenimiento del carburador: Para mantener un carburador siempre en buen estado es primordial que el filtro de gasolina esté en buenas condiciones y que sea sustituido cada 30.000 km. aproximadamente. También se aconseja realizar la comprobación de los ajustes cada 60.000 km.

- Averías y mantenimiento del encendido: Los problemas de encendido pueden ser resultado de una gran variedad de problemas, desde los componentes defectuosos hasta cables sueltos o dañados. A menos que el vehículo se detenga y vaya al taller, donde un operario detecte los problemas y haga los reemplazos correspondientes. A menos que se conozca el problema, se debe seguir un procedimiento sistemático para localizar la causa. Recuerde que la corriente eléctrica siempre sigue el camino de menor resistencia. Siga el cableado de encendido mientras verifica puestas a masa, cortocircuitos y circuitos abiertos. Los cables pelados, conexiones sueltas y corrosión se encuentran mediante una inspección visual. Después de comprobar el sistema, debe evaluar los síntomas y reducir el número de causas posibles. Use su conocimiento del funcionamiento del sistema, un circuito del manual de resolución de problemas, los métodos básicos de verificación, y el sentido común para localizar el problema. Muchas tiendas tienen equipos especializados que proporcionan al mecánico un medio rápido y fácil de diagnosticar averías del sistema de encendido. Las bujías en malas condiciones causan una amplia gama de problemas, fallos de encendido, falta de potencia, mala economía de combustible, y arranque lento. Tras un uso prolongado, los electrodos de las bujías pueden quedar cubiertos de ceniza, aceite y otros residuos. Los electrodos de la bujía pueden quemarse y ampliar la separación de electrodos. Esto hace que sea más difícil para el sistema de encendido producir un arco eléctrico entre los electrodos. Para verificar atentamente las bujías, revisar y analizar la condición de cada punta de bujía y su aislante. Esto le dará información sobre el estado del motor, el sistema de combustible, y el sistema de encendido. Cuando una bujía de encendido es retirada para su limpieza o inspección, se debe volver a ajustar su separación de electrodos según las especificaciones del fabricante del motor. Las bujías nuevas deben también ser ajustadas antes de la instalación, ya que pueden haber sido golpeadas o maltratadas y no estar dentro de las especificaciones. Un tipo de alambre calibrador o galga debe ser usado para medir el espacio de la bujía. Deslice la galga entre los electrodos. Si es necesario, doble el electrodo lateral hasta que la galga se ajuste perfectamente. La galga debe arrastrarse ligeramente, a medida que se tire de la misma hacia fuera de la separación. Las separaciones de electrodos varían desde 0,76 centímetros en los encendidos de puntos de contacto a más de 1,52 centímetros en los sistemas de encendido electrónicos. Cuando las bujías están siendo reinstaladas, ajústelas de acuerdo a la recomendación del fabricante. Algunos fabricantes dan torque de ajuste de bujías, mientras que otros recomiendan hacer tocar fondo en el asiento a las bujías y luego girarlas un adicional de un cuarto o mitad de vuelta. Consulte el manual de servicio del fabricante para los procedimientos exactos. Un cable de la bujía defectuoso puede tener un conductor quemado o roto, o podría tener una aislación deteriorada. La mayoría de los cables de bujías tienen un conductor de resistencia que se puede separar fácilmente. Si el conductor se rompe, el voltaje y la corriente no pueden acceder a la bujía. Si la aislación es defectuosa, las chispas pueden escaparse a masa o hacia otro cable en lugar de llegar a las bujías.

- El distribuidor: El distribuidor es crítico para el correcto funcionamiento del sistema de encendido. El distribuidor mide la velocidad del motor, altera el sincronismo de encendido, y distribuye el alto voltaje a las bujías. Si cualquier parte del distribuidor está defectuosa, el motor disminuye el rendimiento.

  Tapa del distribuidor y rotor: Cuando los problemas apuntan a posibles fallas de la tapa del distribuidor o rotor, quítelos e inspecciónelos. La tapa del distribuidor debe ser revisada cuidadosamente para ver si las chispas no han producido arcos de punto a punto. Tanto el interior como el exterior deben estar limpios. Los puntos de disparo no deben estar erosionados, y el interior de las torres deben estar limpios. La punta del rotor, desde la que la chispa de alta tensión salta a cada terminal de la tapa del distribuidor, no debe estar gastada. También se debe comprobar el quemado excesivo, rastros de carbón, holgura, u otros daños. Cualquier desgaste o irregularidad dará lugar a una resistencia excesiva a la chispa de alta tensión. Asegúrese de que el rotor encaje perfectamente en el eje del distribuidor. Un problema común surge cuando una traza de carbón (línea pequeña de sustancia similar al carbón que conduce electricidad) se forma en el interior de la tapa del distribuidor o en el borde exterior del rotor. La traza de carbón pondrá en corto a masa el voltaje de la bobina o a un terminal de cable equivocado en la tapa del distribuidor. Una traza de carbón hará que las bujías enciendan pobremente o no enciendan en absoluto. Con el uso de una linterna, revise el interior de la tapa del distribuidor en busca de grietas y trazas de carbón. La traza de carbón es negra, lo que hace que sea difícil de verla en una tapa del distribuidor de color negro. Si la traza de carbón o una grieta se encuentra, reemplace la tapa del distribuidor o del rotor. En un distribuidor de puntos de contacto o platinos, hay dos áreas de preocupación: los puntos de contacto y el condensador. Tema relacionado: Disparo de la bujía en sistemas de encendido convencionales Los malos puntos de contacto causan una variedad de problemas de rendimiento del motor. Estos problemas incluyen pérdida de alta velocidad, problema de falta de arranque, y muchos otros problemas de ignición. Inspeccione visualmente las superficies de los puntos de contacto para determinar su condición. Los puntos con contactos quemados y picados o con un brazo de fricción desgastado deben ser reemplazados. Sin embargo, si los puntos se ven bien, la resistencia del punto debe ser medida. Haga girar el motor hasta que los puntos queden cerrados y luego use un óhmetro para conectar la punta del instrumento medidor al punto principal y a tierra. Si la lectura de resistencia es demasiado alta, los puntos están quemados y el platino debe ser reemplazado. El condensador es un capacitor grande. Sólo que la industria del automóvil lo llama condensador. Cuando los puntos se abren la bobina colapsa (se cae el flujo o campo magnético). Recuerde, la salida de la bobina es más fuerte cuando el colapso es más rápido y agudo. El condensador disminuye este colapso al absorber el choque inicial (corriente) del bobinado primario. Le ayuda a dar forma a la caída de la bobina para producir el colapso secundario de alta potencia y retrasa el colapso de la bobina el tiempo suficiente para que los puntos queden lo suficientemente alejados de modo que la bobina no forme un arco a través de los puntos. Sin un condensador el retorno del arco y el calor destruirían los puntos (a veces en cuestión de segundos). Sin embargo, el condensador no puede ser demasiado grande, o la bobina colapsaría demasiado lento y no produciría una chispa fuerte. La carga que el condensador absorbe mientras que los puntos están abiertos es retornada a masa cuando de nuevo los puntos se cierran nuevamente. Un condensador defectuoso pueden tener fugas (permitir que algo de corriente continua circule a tierra), tener un cortocircuito (conexión eléctrica directa a tierra), o estar abierto (alambre roto a las láminas de condensador). Si el condensador tiene una fuga o está abierto, se van a producir chispas y quemaduras. Si el condensador está en cortocircuito, la corriente principal circulará a masa y el motor NO arrancará. Para probar un condensador con un óhmetro, conecte el dispositivo medidor al condensador y a masa. El medidor debe dar un ligero valor y luego regresar a infinito (máxima resistencia). Cualquier lectura continua, que no sea infinito, indica que el condensador tiene una fuga y debe ser reemplazado. La instalación de puntos de contacto (platinos) es un procedimiento relativamente sencillo, pero debe hacerse con precisión y cuidado a fin de lograr buen rendimiento del motor y de la economía. Asegúrese de que los puntos estén limpios y libres de cualquier material extraño. La alineación apropiada de los puntos de contacto es extremadamente importante (fig. 2-52). Si las caras de los puntos de contacto no se tocan entre sí completamente, el calor generado por la corriente principal no puede ser disipado y tiene lugar una combustión rápida. Los contactos son alineados sólo por la flexión del soporte de contacto estacionario. Nunca doble el brazo de contacto móvil. Asegúrese de que el brazo de contacto se apoye flojo sobre la leva del distribuidor. Una pequeña cantidad de un lubricante aprobado debe ser colocado en la leva del distribuidor para reducir la fricción entre la leva y el bloque de roce. Una vez que los puntos estén instalados, éstos se pueden ajustar utilizando una galga de medición de separación u otro dispositivo medidor de platinos disponible en el mercado. Para utilizar una galga para ajustar los puntos de contacto, haga girar el motor hasta que los puntos estén completamente abiertos. El brazo de fricción debería estar en la parte superior de un lóbulo de leva de distribuidor. Con los puntos abiertos, deslice la galga del espesor especificado entre los mismos. Ajustar los puntos de modo que haya un ligero arrastre de la hoja de la galga. Dependiendo del diseño de los puntos, utilice un destornillador o una llave Allen para abrir y cerrar los puntos. Apriete los tornillos de sujeción y vuelva a comprobar la separación de puntos. Normalmente la separación de puntos promedio está alrededor de 0,04 centímetros para motores de ocho cilindros y 0.063 centímetros para seis y cuatro cilindros. Para ajustar la separación del motor con el que está trabajando, consulte el manual de servicio del fabricante. Si la tapa del distribuidor tiene una ventana de ajuste, los puntos se deben ajustar con el motor en marcha. Con los controles del medidor posicionados correctamente, ajuste los puntos a través de la ventana de la tapa del distribuidor con una llave Allen o un destornillador especial. Gire el tornillo de ajuste del punto hasta que el medidor de una lectura dentro de las especificaciones del fabricante. Sin embargo, si la tapa del distribuidor no tiene una ventana de ajuste, quite dicha tapa y el cable de la bobina de encendido. A continuación, ponga en marcha el motor, esta acción va a simular el funcionamiento del motor y permitir el ajuste del punto (platinos) con el medidor dwell.

Nota: La mayoría de los distribuidores de encendido electrónico utilizan una bobina de captación para detectar la rotación de la rueda de gatillado (reluctor) y la velocidad. La bobina de captación envía pequeños impulsos eléctricos a la ECU. Si el distribuidor no puede producir estos impulsos eléctricos correctamente, el sistema de encendido puede dejar de funcionar. Una bobina de captación defectuosa producirá una amplia gama de problemas de motor, tales como paradas, pérdida de potencia, o falta de arranque en absoluto. Si los pequeños devanados en la bobina de captación se rompen, esto podría causar problemas sólo bajo ciertas condiciones. Es importante saber cómo probar una bobina de captación para una operación adecuada. El óhmetro de prueba de la bobina de captación compara la resistencia real de captación con las especificaciones del fabricante. Si la resistencia es demasiado alta o baja, la bobina de captación está defectuosa. Para realizar esta prueba, conecte el óhmetro a través de los cables de salida de la bobina. Sacuda el cable a la bobina de captación y observe la lectura del instrumento. Esto ayudará a la localización de las roturas en los cables a la bobina. Además, usando un destornillador, golpee suavemente la bobina. Esta acción pondrá a descubierto cualquier ruptura en las espiras de la bobina. La resistencia de la bobina de captación varía entre 250 y 1.500 ohmios, y usted debe consultar el manual de servicio técnico para obtener las especificaciones exactas. Cualquier cambio en las lecturas durante la prueba de resistencia de la bobina de captación indica que la bobina deberá ser reemplazada. Consulte el manual de servicio del fabricante para obtener instrucciones para la remoción y reemplazo de la bobina de captación. Una vez que la bobina de captación se ha sustituido, será necesario ajustar espacio de aire de la misma. El espacio de aire es el espacio entre la bobina de captación y el diente de la rueda de gatillado. Para obtener una lectura precisa, utilice una galga no magnética (plástica o de metal). Con un diente de la rueda de gatillado o reluctor apuntando a la bobina de captación, deslice el calibre de espesores no magnético o galga, del espesor correcto, entre la rueda de gatillo y la bobina de captación. Mueva la bobina de captación hacia dentro o fuera hasta que el espacio de aire sea el adecuado. Apriete los tornillos de la bobina y vuelva a comprobar el ajuste de la separación del aire.

- Sistema electrónico de encendido con sensores ópticos: El encendido programado hace uso de la tecnología informática y permite que los elementos mecánicos, neumáticos y otros del distribuidor convencional sean suprimidos. La mayoría de los sistemas controlados por encendido computarizado no tienen provisión para ajuste de tiempo. Unos pocos, sin embargo, tienen un pequeño tornillo o palanca en el equipo para pequeños cambios de tiempo de encendido. Un sistema de encendido controlado por computador tiene lo que se conoce como sincronización, regulación o distribución de encendido de base. La sincronización de base es el tiempo de encendido sin avance controlado por ordenador. La sincronización de base se comprueba mediante la desconexión de un conector de cable en el arnés de cableado del ordenador. Este conector de cables se encuentra en o cerca del motor o a veces junto al distribuidor. Al estar en el modo de sincronización de base, una luz de sincronización convencional se puede utilizar para medir el tiempo de encendido. Si el tiempo de encendido no es correcto, usted puede girar el distribuidor, en algunos casos, o mover el montaje del sensor de posición del cigüeñal o de velocidad del motor. Si la sincronización de base no puede ser ajustada, la unidad de control electrónico u otros componentes tendrán que ser reemplazados. Siempre consulte el manual de servicio del fabricante, cuando se sincroniza un sistema de encendido controlado por computador.

- Luces del automóvil. Alineación de faros y reglaje de faros: Es de suma importancia que el sistema de iluminación del vehículo se dirija correctamente a fin de obtener su mejor desempeño. Las luces que se dirigen incorrectamente no solo darán un mal desempeño, sino que también pueden encandilar al tráfico. Al sustituir las bombillas, es una buena idea verificar que las luces han sido correctamente enfocadas. Pequeñas variaciones en la posición del filamento se pueden traducir en grandes variaciones del patrón de iluminación. Considerando que las denominaciones varían según los países de habla hispana, la luz de carretera es la luz alta, y la luz de cruce es la luz baja. Los faros pueden ser alineados mediante un ajuste mecánico o con una pantalla de alineación de faros de pared, también se usa en talleres más actualizados la alineación con pantalla electrónica. Cualquier método asegura que los haces de luz del faro apunten en la dirección especificada por el fabricante del vehículo. Los faros que están ajustados demasiado alto puede encandilar a los vehículos que se aproximan. Los faros que dirigen la luz demasiado bajo o hacia un lado reducirán la visibilidad del chofer. Para asegurarse de los faros han sido correctamente enfocados, usted debe tener medio tanque de combustible, la presión correcta de los neumáticos, y solo la rueda de repuesto y el gato en el vehículo. Algunos fabricantes recomiendan que alguien esté sentado en el asiento del chofer y el acompañante, mientras se enfocan las luces. Los dispositivos de enfoque están diseñados para ajustar los faros de los vehículos en una posición especificada. Pueden estar permanentemente instalados en una pista o pueden ser portátiles. Algunos requieren un suelo nivelado, y otros tienen mecanismos internos para permitir la nivelación en los pisos irregulares de talleres. Para utilizar el apuntador, siga las instrucciones para el tipo específico de equipo. La pantalla de alineación de faros consiste en una serie de líneas medidas marcadas sobre la pared o en un bastidor con caballete en una tienda para apuntar los faros de un vehículo. La pantalla debe ser de no menos de 3 metros de ancho y 1 metro de alto. Cuando ésta va colocada en un caballete con ruedas, la pantalla no debe estar más de 30 centímetros del piso. Para cumplir con las regulaciones de la mayoría de las localidades, debe colocar la pantalla a 7,62 metros por delante del vehículo. El patrón de haz de luz de carretera aceptada para vehículos de pasajeros aparece en la parte de alta intensidad de los rayos de luz centrados en una línea horizontal que está a 5 centímetros por debajo del centro o línea horizontal de referencia en la pantalla, esto significa que habrá una caída de 5 centímetros del haz de luz por cada 7,62 metros de distancia del faro. Los faros de los camiones grandes presentan un problema especial debido al efecto de una carga pesada. En los mismos 7,62 metros, los faros de camiones deben orientarse de modo que nada de la porción de alta de intensidad de la luz se proyecte más alto que el nivel de 13 centímetros por debajo del centro del faro que está siendo probando. Esto es necesario para compensar las variaciones en la carga. Alineación electrónica de faros El propósito del ajuste del faro es alinear el faro de vehículo de tal manera que el conductor tenga la iluminación más eficaz de la carretera y sus condiciones, estando seguro tanto el conductor como el tráfico. La exactitud y precisión de la tecnología láser se utiliza para determinar la línea central del vehículo. La tecnología de procesamiento de imágenes por computadora constituye la base de la de la alineación con pantalla electrónica. Un dispositivo electrónico analiza el patrón de luz como aparecería en la carretera por delante del vehículo. Al posicionar el dispositivo de alineación delante del faro, el haz de luz del faro es analizado y con sencillas flechas de dirección el usuario es dirigido para ajustar el faro hasta que una X en un gráfico de una pantalla digital muestre que se ha logrado una alineación perfecta. Se reemplazan por este medio las almohadillas de alineación o adaptadores.

- Averías en el electroventilador del radiador: Detectar pequeñas averías en el radiador, o síntomas de que éstas vayan a producirse, será determinante para asegurar el buen funcionamiento de todo el sistema de refrigeración del motor. Lo ideal para que un radiador se mantenga en buen estado es que se encuentre limpio y que no se acumulen excesos de suciedad en el interior, ya que de los contrario podría disminuir su rendimiento y afectar al funcionamiento del motor, puesto que se produciría un aumento de la temperatura que podría ocasionar imperfecciones en la culata. Para conservar el radiador en buen estado durante más tiempo es posible realizar limpiezas internas, siempre y cuando éstas se realicen con sumo cuidado puesto que de cualquier otra forma podría quedar inservible, lo cual haría imprescindible su sustitución. Por lo general, las principales averías que suelen aparecer en un radiador tienen que ver con pérdidas de hermeticidad o con fugas de agua localizadas en las juntas. Además estas averías vienen determinadas por diversos factores, los cuales se detallan a continuación:

- o Pérdidas de agua
- o Las rejillas del radiador están obstruidas
- o Desperfectos en el radiador producidos por un golpe
- o El termostato está averiado
- o El termocontacto del radiador se ha estropeado
- o El ventilador del radiador no funciona
- o La bomba de agua tiene las aspas rotas
- o El eje de la bomba de agua se ha paralizado
- o Problemas de obstrucción en el circuito de agua del motor

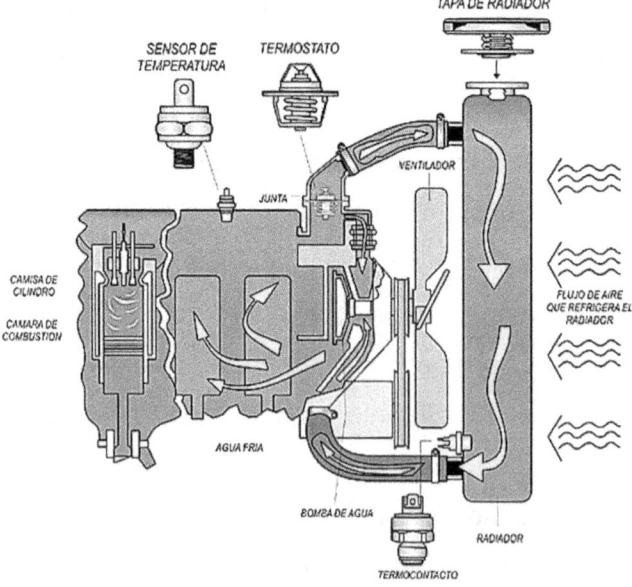

- Termostato: Una avería en el termostato influirá directamente sobre el funcionamiento del motor, pudiendo llegar a producirse un calentamiento en el motor. Existen diferentes motivos por los que el termostato del coche puede sufrir una avería, lo que podría llegar a producir un sobrecalentamiento en el motor y afectar seriamente al funcionamiento del vehículo. El sobrecalentamiento del motor puede acabar literalmente, con la vida útil del termostato, del radiador y de la junta de culata. Si esto se llegara a producir, el coste de la reparación sería muy elevado y podría suponer el fin de la vida útil de vehículo. El termostato se queda siempre abierto y el calentamiento del motor es insuficiente: Cuando esto suceda, podremos identificar un mal funcionamiento del termostato por dos vías distintas: la temperatura a la que trabaja el motor y la efectividad del sistema de calefacción instalado en el interior del habitáculo. Exponemos ambos síntomas a continuación: El motor trabaja a temperaturas bajas: Indicaciones sobre el termostato. Si advertimos que el motor de nuestro coche trabaja de forma inusual en frío sin llegar a calentarse lo suficiente, es posible que el termostato esté atascado en abierto, lo que hará que el refrigerante circule de manera excesiva. La calefacción no expulsa aire caliente: El sistema de calefacción mediante aire empleado para aclimatar el interior del vehículo, también depende directamente del sistema de refrigeración. Funciona a través del calentador, que acumula el calor producido por el propio motor y lo expulsa hacia el interior del habitáculo. Si el termostato se queda atascado en abierto, el motor no se calentará lo suficiente y el calentador no enviará aire caliente hacia el interior. El termostato se queda siempre cerrado y el calentamiento del motor es excesivo: Este síntoma podría ser el más perjudicial para el conjunto del sistema ya que inmediatamente se traduciría en un sobrecalentamiento del motor, pues el refrigerante no circulará de manera suficiente por el circuito. Una vez el motor comienza a calentarse en exceso, la presión se acumula pudiendo llegar a causar graves desperfectos en la junta de culata, algo que resultaría verdaderamente costoso de reparar. Cabe resaltar en este punto, que en motores que cuentan con bloques de aluminio y que a día de hoy ya se han incorporado en la mayoría de coches de nueva fabricación, el daño sería también considerable ya que el calor haría que la cabeza del bloque motor se deformara y sería necesario reemplazarla. Se producen continuas variaciones de temperatura: Si percibimos que se producen continuas variaciones en la temperatura del motor, puede ser debido a un fallo del termostato. Si esto sucede, el motor cambiará su temperatura constantemente debido a que el líquido refrigerante no estará circulando con normalidad desde el radiador hasta el motor. El líquido refrigerante es expulsado por el colector del motor: En ocasiones, un termostato en mal estado podrá producir fugas de refrigerante desde el colector del motor. Esto suele ser debido a que existen imperfecciones que producen fugas en la junta del termostato que sella el espacio entre éste y el colector. El consumo de combustible es excesivo: Cuando notemos que el consumo de combustible es excesivo sin motivo aparente, es posible que sea un síntoma de un termostato en mal estado o averiado. La explicación de este problema es la siguiente: el motor está trabajando en frío por lo que el combustible tiende a condensarse alrededor de los cilindros sin llegar a quemarse adecuadamente, por lo que el carburante necesario para que el rendimiento del motor sea óptimo será más elevado.

Nota: Para que un motor no exceda la temperatura máxima, la principal recomendación es controlarla. Para ello, deberemos de fijarnos en si desde el cuadro de mandos se ilumina el testigo luminoso de temperatura o si éste sobrepasa con frecuencia los 70 u 80 grados, pues sería un síntoma de que algo no está funcionando correctamente en el sistema de refrigeración del motor. Además, durante la época estival son más frecuentes los aumentos de temperatura en el interior del vehículo pues el exceso de calor incrementa irremediablemente los grados a los que trabaja el motor. Normalmente, los fabricantes ya tienen en cuenta el hecho que acabamos de comentar, por lo que siempre será aconsejable revisar el sistema antes de que empiecen a subir las temperaturas ya que podremos prevenir que debido al deterioro de ciertos elementos se terminen por producir averías mucho más graves y costosas. Por ello, será importante que además de comprobar periódicamente el nivel del líquido refrigerante, comprobemos también que las rejillas del ventilador estén en buen estado y permitan que el aire circule con normalidad.

- Sistema electrónico: El sistema de control electrónico es muy importante ya que administra cualquier función que requiera corriente eléctrica en un vehículo. El sistema de control electrónico es el encargado de gestionar todas las funciones eléctricas del automóvil y al igual que el módulo de control del motor, también suele ser conocido como centralita. No obstante, este sistema de gestión recibe un nombre distinto cuyas siglas son UCE (Unidad de Control Eléctrico). Así pues, la UCE recoge la información de los sensores electrónicos que están instalados en el automóvil para determinar el tipo funcionamiento que deberá aplicarse a otros elementos mediante la conexión o la desconexión de los actuadores. De esta manera, se ponen en marcha cada una de las piezas que requieren de corriente eléctrica para cumplir su cometido.

- Sensores electrónicos: Puesto que se trata de componentes microelectrónicos, el número de averías posibles dependerá de la cantidad de elementos adicionales (sensores y actuadores) de los que disponga el sistema, además de la propia UCE. Para identificar el origen de una avería en el sistema electrónico de un coche será imprescindible contar con un equipo de diagnosis, que conecte directamente con la unidad. ¿Qué tipos de averías pueden aparecer en sistema de control electrónico? Las averías dependerán del número de componentes del que disponga el sistema. Sin embargo, podremos dividirlas en tres tipos distintos: las que proceden de la Unidad de Control Electrónico (UCE), las relacionadas con los sensores y por último las que tienen su origen en un fallo producido en alguno de los actuadores.

- Averías o fallos de la Unidad de Control Electrónico (UCE): Una avería en este elemento del sistema hará que la puesta en marcha del automóvil sea imposible y probablemente se deba a que se ha desprogramado la unidad, aunque esta causa puede podrá estar determinada por diversos motivos como un exceso de tensión en el sistema o por la pérdida de información interna. Por lo general, se recomienda sustituir la unidad completa por una nueva o por una reprogramada de segunda mano que se encuentre en óptimo estado. No obstante, se trata de una pieza relativamente cara y que dependiendo del tipo de vehículo o del modelo puede partir de los 600 euros en adelante. Además, si no está reprogramada habrá que sumar esta tarea al presupuesto de la reparación.

- Averías o fallos en los actuadores del sistema: Es habitual que cuando se produzca un fallo en los actuadores se genere una pérdida de potencia, con lo que el rendimiento del motor sería insuficiente. No obstante, dependiendo del tipo de actuador donde se haya producido la avería la pérdida de potencia será más o menos notable. El coste aproximado para cambiar un actuador en el sistema electrónico del automóvil dependerá principalmente del tipo de vehículo del que se trate y de las características o localización del actuador que sea preciso sustituir.

- Averías o fallos en los sensores del sistema: Las averías en alguno de los sensores que forman parte del sistema electrónico de un coche, se traducirán en fallos y deficiencias de funcionamiento del motor, que en ocasiones podría dejar de funcionar o presentar dificultades para su puesta en marcha. Algunos de los sensores que mayores fallos provocan en el sistema son: el sensor de revoluciones, el medidor de la presión del combustible y el sensor que mide la dosificación en la bomba de alta presión del vehículo. En el caso de que fallase el sensor de revoluciones del motor, éste dejaría de funcionar o directamente sería imposible ponerlo en marcha. Al igual que con los actuadores, el coste de reparar una avería en alguno de los sensores del vehículo dependerá del tipo de sensor en cuestión, de su localización dentro del sistema y por supuesto, del tipo de vehículo del que se trate y sus características. Para finalizar, nos gustaría recomendaros que mantengáis en un estado óptimo el sistema electrónico de vuestros coches, realizando las correspondientes revisiones periódicas y preventivas marcadas por el fabricante. Las averías del módulo de control del motor de un vehículo pueden acarrear serios problemas en el rendimiento de éste. Los inyectores son, como su nombre indica, la pieza clave del sistema de inyección. Se encargan de enviar la cantidad necesaria de combustible en cada situación, según lo requiera el motor. Trabajan a presiones muy elevadas y de forma muy similar tanto si el vehículo tiene un motor diésel como uno gasolina, pese a que estos últimos tienen un precio bastante más económico. El módulo de control de motor es, por tanto, el elemento que se encarga de gestionar diversos aspectos relacionados con el funcionamiento del motor y de recopilar la información recabada por los distintos sensores electrónicos que incorpora el motor del vehículo, necesarios para verificar que su funcionamiento es correcto. El módulo de control de motor también es conocido como la centralita del motor. Las siglas bajo las que se reconoce mundialmente este dispositivo son ECM (Engine Control Module) y fue a finales de la década de los 70 cuando se empezaron a instalar, junto con sus correspondientes sensores, para controlar el nivel de emisión de gases contaminantes y facilitar la detección de fallos o averías. Unos años más tarde, en la década de los 80, comenzaron a generalizarse los avances y la incorporación de mejoras en el sistema electrónico del vehículo. A día de hoy un vehículo cuenta con diversos módulos de control orientados a cada uno de los sistemas de vehículo y con más de 200 sensores. Así pues, el módulo de control de motor se ocupará principalmente de regular la inyección del combustible, el tiempo de ignición, la distribución de las válvulas y el arranque del propio vehículo. También es la unidad que proporcionará a nuestro mecánico, por medio de un escáner, la información relativa a los fallos que se hayan producido. ¿Cómo identificar una avería en el módulo de control de motor? Existen diversos síntomas que podrían ayudarnos a identificar un posible fallo en la centralita del motor. A continuación os proponemos un listado de los indicios de un módulo de control de motor averiado, aunque tendréis que tener en cuenta que estos fallos también podrían deberse al fallo de otros elementos relacionados con el sistema: El motor no arranca, tiene dificultades para hacerlo o se detiene tras el inicio de la marcha. El ralentí es escaso, inestable o tiene una velocidad inferior o superior a la habitual. La aceleración es insuficiente. El rendimiento o la velocidad son anormalmente bajos. El consumo de combustible es excesivo. Se producen detonaciones o explosiones en el motor. Al finalizar el trayecto resulta imposible detener el motor. Si cuando circulamos con nuestro coche advertimos cualquiera de los síntomas citados anteriormente, será recomendable visitar lo antes posible a nuestro mecánico de confianza para asegurarnos de qué elemento en cuestión proviene la avería y que ésta no se intensifique. ¿Qué averías son más frecuentes en el módulo de control o centralita? Las averías del módulo de control o centralita pueden ser causadas por diferentes motivos o estar influidas por fallos originados en otros elementos asociados al sistema. A continuación, enumeraremos las averías más frecuentes y explicaremos brevemente en qué consiste cada una de ellas: Sobrecarga de tensión: Esta es una de las principales causas que hacen que se produzcan averías en la centralita del motor y suele deberse a una sobrecarga eléctrica relacionada directamente con un cortocircuito originado en alguno de los elementos que forman parte del sistema. Agua en el interior: Si por cualquier motivo llegase a entrar agua en el módulo de control, éste se vería gravemente afectado y sería necesaria su sustitución. Por este motivo, cuando un coche queda inundado tanto el sistema eléctrico como la centralita suelen ser desecharse y se cambian por elementos nuevos o por recambios de segunda mano en buen estado. Vibraciones, sobrecalentamiento y deterioro: Las vibraciones por una mala instalación, el sobrecalentamiento del sistema y el deterioro de los elementos que forman parte del módulo de control también son causas muy frecuentes que producen averías en el conjunto. No obstante, este tipo de daños sí que son reparables por lo que el coste sería más bajo.

- Acondicionador de aire: Es recomendable hacer uso del aire acondicionado todo el año para prevenir futuras averías. Todos estamos familiarizados con el aire acondicionado, aunque para aquellos que todavía no lo estén diremos que su función es introducir aire frio al habitáculo del vehículo por medio de sus distintos componentes: un evaporador o enfriador, un condensador y un compresor o motor del a/a. Hacer un uso adecuado de este elemento y en general del sistema, es el mejor modo de alargar su vida útil. Por ello, queremos compartir unas pautas de uso que ayuden a que se mantenga en buen estado durante muchos kilómetros. ¿Cómo llevar a cabo el mantenimiento del aire acondicionado? Prestar atención a los grados: La temperatura ideal a la que debe trabajar el aire acondicionado ya sea en nuestro medio de transporte o en nuestra vivienda, debe oscilar entre los 20 y 26 grados. Este sistema, por tanto, es el encargado de mantener esta temperatura óptima dentro de nuestro automóvil aliviando la sensación de fatiga y aumentando el confort de los pasajeros. No hacer trabajar en exceso: Para mejorar la sensación de sofoco, evitar resfriados, y no forzar innecesariamente el aire acondicionado, es recomendable ayudar a que el cambio de temperatura exterior e interior no sea brusco. Es por esto que en situaciones como tener el vehículo bajo el sol durante demasiado tiempo, se recomienda en primer lugar accionar el elevalunas y circular con las ventanillas bajadas hasta que se evacúe el aire caliente almacenado en el interior. También es recomendable permitir que entre algo de aire exterior de vez en cuando si realizamos largos viajes para que el aumento de presión que produce el aire acondicionado no nos cause molestias como mareos o jaquecas. No lo mantengas inactivo demasiado tiempo: Tan malo puede ser el exceso como el defecto. Sea cual sea la época del año en la que nos encontremos, se recomienda conectar el aire acondicionado al menos una vez al mes con el coche en marcha. Así evitaremos que se resequen sus componentes o se deterioren las tuberías y juntas del circuito del a/a. Si se trata de días especialmente fríos, el aire acondicionado también puede resultar muy útil para desempañar las lunas del vehículo, al igualar la temperatura con el exterior eliminando los restos de vaho producidos por la condensación. ¿Por qué motivos varía el rendimiento del aire acondicionado? ¿Qué averías pueden aparecer en este sistema? Para mantener a punto nuestro aire acondicionado será necesario verificar periódicamente el estado de sus principales componentes, así como del resto de elementos que participan de forma directa o indirecta en el circuito de refrigeración.

Nota: Cuando nuestro aire acondicionado proporciona menos refrigeración de la habitual, suele ser a causa de alguno de un fallo en alguno de los elementos que aparecen en la imagen y que podemos dividir principalmente en 5 causas: Que la cantidad de gas o fluido que se encuentra en el circuito no es la adecuada, necesitando así una recarga. Que el aceite del compresor se haya consumido en exceso, por lo que habría que reponerlo; o sencillamente que al estar demasiado tiempo inactivo está en mal estado y debe ser reemplazado. Que el filtro antipolen está sucio u obstruido, por lo que sería necesario sustituirlo. Que las fijaciones de los conductos tienen ninguna fisura o fuga que debe ser reparada. Que exista un fallo eléctrico que esté afectando a los fusibles o al relé térmico del ventilador. También es recomendable para optimizar el funcionamiento de nuestro aire acondicionado, mantener siempre el exterior del radiador y condensador totalmente limpios. ¿Qué ocurre con las recargas de gas del aire acondicionado? El sistema del aire acondicionado del vehículo viene cargado de fábrica con un gas refrigerante que funciona en circuito cerrado, por lo que en teoría este gas no se consume ni debe salirse del sistema. Si esto sucede, y no es poco frecuente, es a causa de una fuga, por lo que, pese a ser recomendable recargar el fluido perdido resulta aún más urgente localizar donde se encuentra esa rotura, para evitar que vuelva a sucedernos. Hoy en día, la mayoría de los talleres disponen de detectores de fugas con alta sensibilidad que nos ayudarán a localizarla y poder repararla, tanto si es pequeña y sólo disminuye el rendimiento del aire acondicionado, como si es tan grave que lo inhabilita por completo.

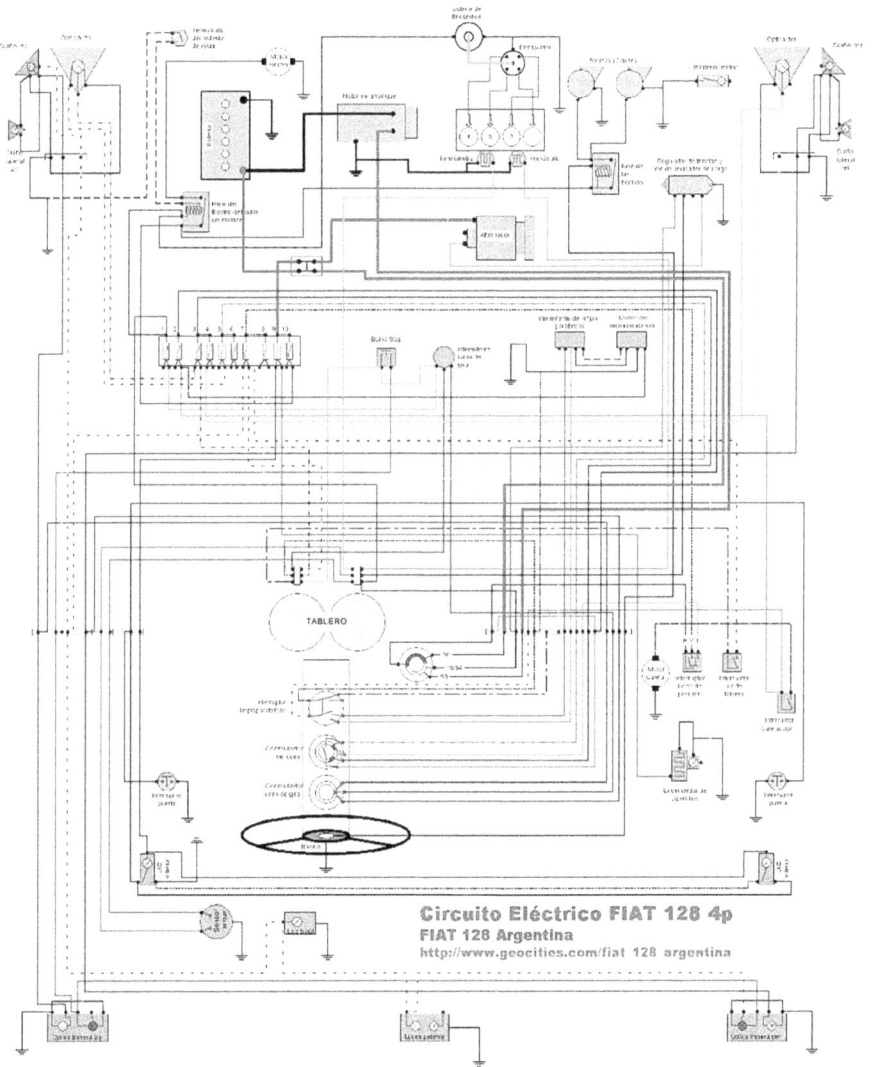

Circuito Eléctrico FIAT 128 4p
FIAT 128 Argentina
http://www.geocities.com/fiat 128 argentina

El automóvil eléctrico

El coche eléctrico fue uno de los primeros automóviles que se desarrollaron, hasta el punto que existieron pequeños vehículos eléctricos anteriores al motor de cuatro tiempos sobre el que Diésel (motor diésel) y Benz (gasolina), basaron el automóvil actual. Entre 1832 y 1839 (el año exacto es incierto), el hombre de negocios escocés Robert Anderson, inventó el primer vehículo eléctrico puro. El profesor Sibrandus Stratingh de Groningen, en los Países Bajos, diseñó y construyó con la ayuda de su asistente Christopher Becker vehículos eléctricos a escala reducida en 1835. La mejora de la pila eléctrica, por parte de los franceses Gaston Planté en 1865 y Camille Faure en 1881, allanó el camino para los vehículos eléctricos. En la Exposición Mundial de 1867 en París, el inventor austríaco Franz Kravogl mostró un ciclo de dos ruedas con motor eléctrico. Francia y Gran Bretaña fueron las primeras naciones que apoyaron el desarrollo generalizado de vehículos eléctricos. En noviembre de 1881 inventor francés Gustave Trouvé demostró un automóvil de tres ruedas en la Exposición Internacional de la Electricidad de París. Justo antes de 1900, antes de la preeminencia de los motores de combustión interna, los automóviles eléctricos realizaron registros de velocidad y la distancia notables, entre los que destacan la ruptura de la barrera de los 100 km/h, de Camille Jenatzy el 29 de abril de 1899, que alcanzó una velocidad máxima de 105,88 km/h. Los automóviles eléctricos, producidos en los Estados Unidos por Anthony Electric, Baker, Detroit, Edison, Studebaker, y otros durante los principios del siglo XX tuvieron relativo éxito comercial.

Debido a las limitaciones tecnológicas, la velocidad máxima de estos primeros vehículos eléctricos se limitaba a unos 32 km/h, por eso fueron vendidos con como coche para la clase alta y con frecuencia se comercializan como vehículos adecuados para las mujeres debido a conducción limpia, tranquila y de fácil manejo, especialmente al no requerir el arranque manual con manivela que si necesitaban los automóviles de gasolina de la época. La introducción del arranque eléctrico del Cadillac en 1913 simplificó la tarea de arrancar el motor de combustión interna, que antes de esta mejora resultaba difícil y a veces peligroso. Esta innovación, junto con el sistema de producción en cadenas de montaje de forma masiva y relativamente barata implantado por Ford desde 1908 contribuyó a la caída del vehículo eléctrico. Además las mejoras se sucedieron a mayor velocidad en los vehículos de combustión interna que en los vehículos eléctricos. A finales de 1930, la industria del automóvil eléctrico desapareció por completo, quedando relegada a algunas aplicaciones industriales muy concretas, como montacargas (introducidos en 1923 por Yale), toros elevadores de batería eléctrica, o más recientemente carros de golf eléctricos, con los primeros modelos de Lektra en 1954.

Descripción del funcionamiento

La batería, previamente recargada por una fuente externa (como el tomacorriente), envía la electricidad que el motor requiere para impulsar el automóvil o para lo que se denomina aceleración. La aceleración del automóvil hará que al girar los generadores de las ruedas, estos produzcan electricidad, la cual es almacenada en la batería, electricidad que a su vez se vuelve a enviar al motor para que este acelere o impulse el automóvil, repitiéndose el ciclo indefinidas veces. El rotor, tanto del motor como del generador están unidos por un mismo eje, que a la vez está conectado por unas varas (tapas) al aro del neumático.

Evolución

• 1835 Thomas Davenport construyó el primer vehículo eléctrico recibiendo la patente del primer motor eléctrico en 1837.

• 1859 El físico francés Gaston Planté inventó la batería recargable de plomo-ácido.

• 1891 William Morrison logró construir el primer automóvil eléctrico en U.S.A.

• 1900 Uno de cada tres autos que circulaban en las calles de New York, Boston, y Chicago eran eléctricos.

• 1908 Henry Ford introduce su modelo T de potencia.

• 1912 Charles Kettering inventa la partida eléctrica del automóvil.

• 1972 Víctor Wouk crea el primer auto híbrido.

• 1974 Los "CityCar" son introducidos en el mercado U.S.A teniendo una velocidad máxima de 50 [km/h] y 65 [km] de autonomía.

• 1996 General Motors arrienda los modelos "Saturn EV1".

• 1997 Toyota introduce el "Prius", el primer híbrido de producción en masa.

• 2003 General Motors deja de arrendar el EV1 y los destruye.

• 2007 General Motors describe cómo será su "Chevrolet Volt"

• 2008 Tesla Motors lanza su "Tesla Roadster"

Conclusiones

De la recopilación de antecedentes queda al descubierto que el vehículo eléctrico en su esencia no es contemporáneo, ya que sus inicios datan desde el siglo XIX, específicamente en 1832 con la introducción del "carruaje eléctrico no recargable", desde aquel momento se comenzó con el desarrollo, destacándose importantes hechos que marcaron su desarrollo, los que se enuncian a continuación: Los años de desarrollo han permitido el avance en diversos aspectos tales como torque, potencia, velocidad máxima, autonomía, peso, estética, aerodinámica y eficiencia entre otros, a continuación se muestra una tabla del salto evolutivo en algunas características, comparando el Modelo Baker Electric Stanhope (1904) con el Tesla Roadster (2008).

Tipos de motores

- motores de continua (DC)
- motores de alterna (AC)
- motores especiales
- motores brushless de imanes permanentes (MM)
- motor de inducción (AM)
- motores síncronos de excitación separada (SM)
- motores síncronos de imanes permanentes (PM)
- motores de reluctancia variable (VR).
- motor de reluctancia conmutada (SR)

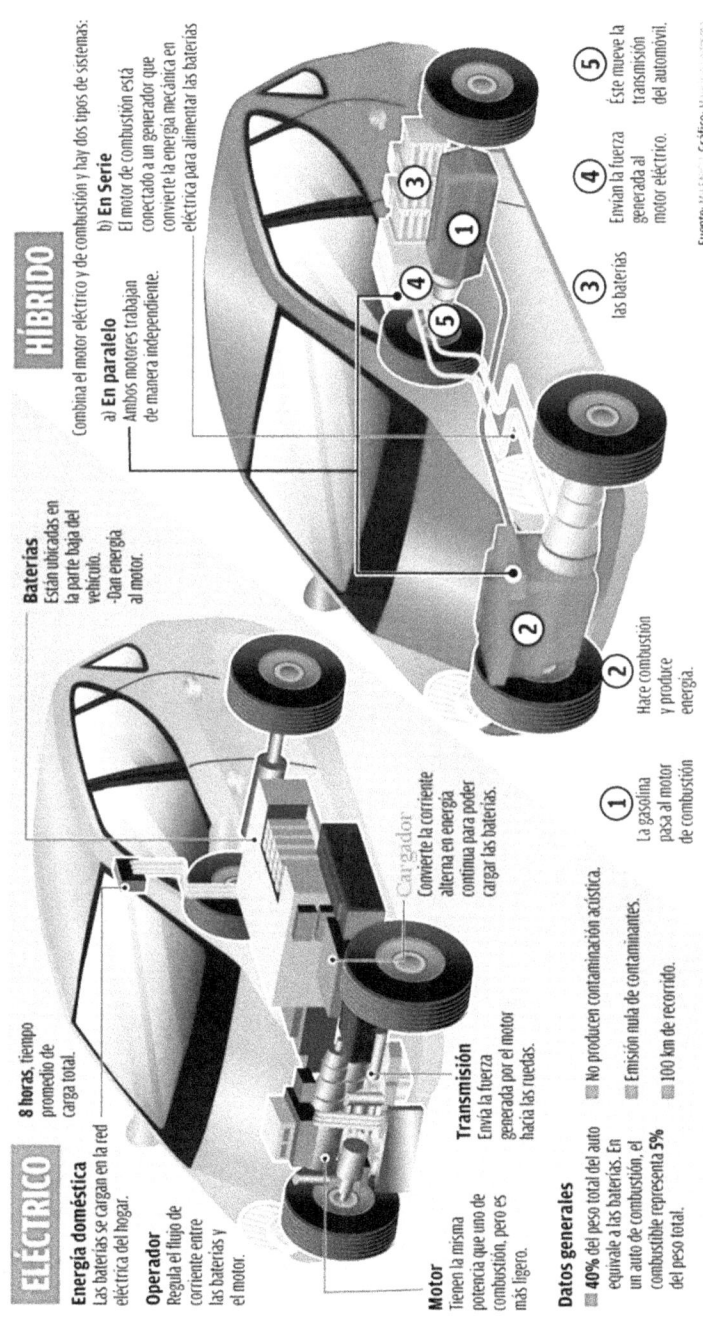

ELÉCTRICO

Energía doméstica
Las baterías se cargan en la red eléctrica del hogar.

8 horas, tiempo promedio de carga total.

Operador
Regula el flujo de corriente entre las baterías y el motor.

Cargador
Convierte la corriente alterna en energía continua para poder cargar las baterías.

Transmisión
Envía la fuerza generada por el motor hacia las ruedas.

Motor
Tienen la misma potencia que uno de combustión, pero es más ligero.

Datos generales
- **40%** del peso total del auto equivale a las baterías. En un auto de combustión, el combustible representa **5%** del peso total.
- No producen contaminación acústica.
- Emisión nula de contaminantes.
- **100 km** de recorrido.

HÍBRIDO

Combina el motor eléctrico y de combustión y hay dos tipos de sistemas:

a) En paralelo
Ambos motores trabajan de manera independiente.

b) En Serie
El motor de combustión está conectado a un generador que convierte la energía mecánica en eléctrica para alimentar las baterías

Baterías
Están ubicadas en la parte baja del vehículo.
-Dan energía al motor.

① La gasolina pasa al motor de combustión

② Hace combustión y produce energía.

③ las baterías

④ Envían la fuerza generada al motor eléctrico.

⑤ Éste mueve la transmisión del automóvil.

Fuente: MILENIO Gráfico: Mauricio Ledezma

ELECTRICIDAD DEL AUTOMÓVIL

AUTOMÓVIL

Componentes, circuitos y mantenimiento

Miguel D'Addario

Primera edición

CE

2015

www.ingramcontent.com/pod-product-compliance
Lightning Source LLC
Chambersburg PA
CBHW070851180526
45168CB00005B/1772